工业机器人装调与维护

工作页

主　编　蒋召杰　伏海军
副主编　刘晓辉　陆宏飞
参　编　覃燕珍　韩楚真　卢相昆　姚源星　周　艺
陈小刚　王　冬　顾革生　欧阳海超
覃克杰　许方相

机械工业出版社

本教材以理论教学和实践教学融通合一、专业学习和工作实践学做合一、能力培养和工作岗位对接合一的理念为指导，根据国家职业技能标准，以具体工作任务为载体，按照工作过程和对学习者自主学习的要求进行编写。本教材由 ER10-C10 型工业机器人轨迹编程实训、ER50-C20 型工业机器人搬运编程实训、HSR-612 型工业机器人机械拆装实训、HSR-612 型工业机器人电气拆装实训 4 个学习任务组成，每个学习任务又根据学习内容分为多个学习活动。

本教材可作为职业院校、技工院校工业机器人装调与维护、机电一体化技术、机械装配及自动化等专业的教材，也可作为机电行业相关技术人员的岗位培训教材及工业机器人技术人员的自学用书。

图书在版编目（CIP）数据

工业机器人装调与维护工作页/蒋召杰，伏海军主编. —北京：机械工业出版社，2022. 12

ISBN 978-7-111-71927-4

Ⅰ. ①工…　Ⅱ. ①蒋…　②伏…　Ⅲ. ①工业机器人-装配（机械）-教材②工业机器人-调试方法-教材③工业机器人-维修-教材　Ⅳ. ①TP242. 2

中国版本图书馆 CIP 数据核字（2022）第 201300 号

机械工业出版社（北京市百万庄大街 22 号　邮政编码 100037）

策划编辑：侯宪国　　责任编辑：侯宪国

责任校对：陈　越　刘雅娜　责任印制：刘　媛

北京盛通商印快线网络科技有限公司印刷

2023 年 1 月第 1 版第 1 次印刷

184mm×260mm · 11 印张 · 270 千字

标准书号：ISBN 978-7-111-71927-4

定价：39. 00 元

电话服务　　网络服务

客服电话：010-88361066　　机　工　官　网：www. cmpbook. com

010-88379833　　机　工　官　博：weibo. com/cmp1952

010-68326294　　金　书　网：www. golden-book. com

封底无防伪标均为盗版　　机工教育服务网：www. cmpedu. com

前　言

当前，世界各国都在积极发展新科技生产力，在未来10年，工业机器人行业将进入一个前所未有的高速发展期。根据IDC预测，在全球机器人区域分布中，亚太市场将处于绝对领先地位。近年来，我国各地发展机器人的积极性较高，行业应用得到快速推广，市场规模增速明显。2017年，我国机器人市场规模达到62.8亿美元，2020年，超过100亿美元，成为全球机器人产业规模稳定增长的重要力量。随着工业机器人需求量的持续增加，与其对应的相关专业人才的缺口也逐渐凸显。其中，工业机器人维护人才的缺口较为突出。

为培养工业机器人领域急需的专业人才，本教材基于埃夫特工业机器人编程应用实训平台、华数工业机器人机械系统拆装实训平台编写，书中内容紧密结合实训平台。通过本教材的学习，学生可基本掌握常用工业机器人的基础应用编程、工业机器人整体装配调试，主要包括本体、减速机、电动机及其他电气系统的装配调试。同时，通过实训后能形成基本的工业机器人的结构理论体系，为在工业机器人领域的进一步学习和发展奠定扎实基础。

本教材由蒋召杰、伏海军任主编，刘晓辉、陆宏飞任副主编，覃燕珍、韩楚真、卢相昆、姚源星、周艺、陈小刚、王冬、顾革生、欧阳海超、覃克杰、许方相参加编写。

由于编者水平有限，书中不足之处在所难免，恳请广大读者批评指正。

编　者

目录

学习任务一

ER10-C10 型工业机器人轨迹编程实训

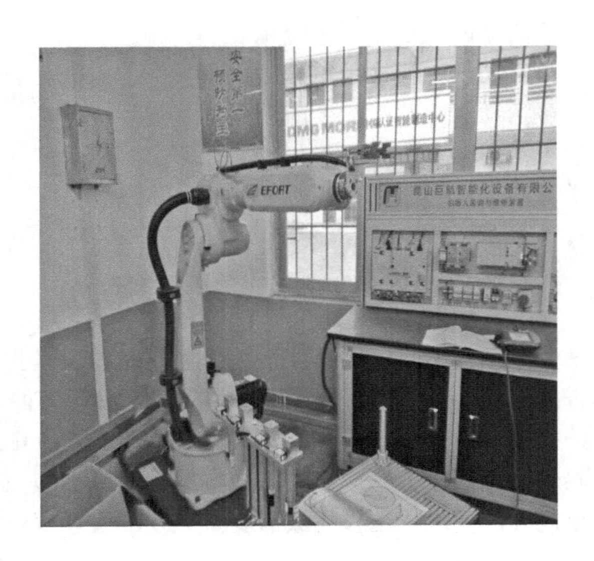

学习目标

1）了解 ER10-C10 型工业机器人的基本结构和组成。
2）了解 ER10-C10 型工业机器人的安全操作规范和注意事项。
3）掌握 ER10-C10 型工业机器人开关机、校准和回零点操作。
4）掌握 ER10-C10 型工业机器人工具坐标、基坐标的标定方法。
5）了解 ER10-C10 型工业机器人示教器的按键功能。
6）能实现 ER10-C10 型工业机器人单轴的点动操作。
7）能完成 ER10-C10 型工业机器人轨迹示教编程操作。
8）能完成 ER10-C10 型工业机器人轨迹自动编程操作。

工作流程与活动

学习活动一　工业机器人认知
学习活动二　示教器认知
学习活动三　点到点指令应用
学习活动四　直线指令应用
学习活动五　快换手爪程序编写
学习活动六　圆弧指令应用
学习活动七　“田”字轨迹程序编写
学习活动八　“国”字轨迹程序编写

学习任务描述

学生在接受 ER10-C10 型工业机器人轨迹编程实训任务后，要做好编程前的准备工作，包括查阅 ER10-C10 型工业机器人使用说明书等文件，准备工具、量具、标识牌，并做好安全防护措施。通过观看《ER10-C10 型工业机器人编程应用教学视频》，制订详细的轨迹程序步骤和注意事项，完成机器人轨迹编程实训工作任务。在工作过程中严格遵守用电、消防等安全规程的要求，工作完成后要按照现场管理规定清理场地、归置物品，并按照环保规定处置废油液等废弃物。

学习活动一　工业机器人认知

学习目标

1. 通过学习课程平台上的资源，进行任务分析，获取任务关键信息，完成工业机器人装调与维护工作页。
2. 描述工业机器人的含义。
3. 了解工业机器人的起源与发展，分类与用途。
4. 能够列出 ER10-C10 型工业机器人的结构与型号，基本工作参数。
5. 能够列出工业机器人的危害和注意事项。
6. 通过本次任务的学习，能提升沟通能力、团队协作能力、6S 标准执行能力。

学习地点

工业机器人装调与维护一体化学习工作站

学习资源：《机修钳工工艺学》《机修钳工技能训练》《工业机器人装调与维护工作页》《工业机器人装调与维护实习指导书》《工业机器人安装与调试》《工业机器人装调与维修》等教材，工业机器人装调与维护教学视频、教学课件及网络资源等。

学习过程

学习任务描述

情景描述：某实习工厂工业机器人装调与维护实训基地 813 新购进一台 ER10-C10 型工业机器人，维修调试人员需在技术员的指导下对其进行认知，以便将来在教学过程中指导学生保证设备正常运行。本次工作任务是了解 ER10-C10 型工业机器人的结构与型号，并列出工业机器人的危害和注意事项，为下一步教学工作的开展做准备。

教学准备

准备机修钳工安全操作规程，安全警示标牌，ER10-C10 型工业机器人使用说明书、生产合格证，装调所需的工具和量具及辅具，劳保用品，教材，机械部分和电气部分的维修手册等。

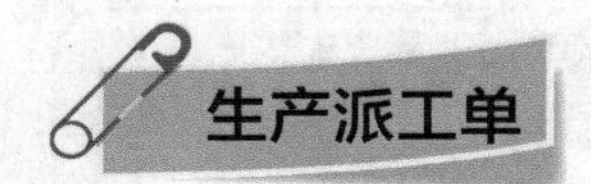

<table>
<tr><td colspan="6">生 产 派 工 单
单号：＿＿＿＿＿＿　开单部门：＿＿＿＿＿＿＿＿＿＿＿＿＿＿＿＿＿＿＿＿　开单人：＿＿＿＿＿＿
开单时间：＿＿＿年＿＿月＿＿日＿＿时＿＿分　接单人：＿＿＿＿部＿＿＿＿小组＿＿＿＿＿＿（签名）</td></tr>
<tr><td colspan="6">以下由开单人填写</td></tr>
<tr><td>设备名称</td><td>ER10-C10 型工业机器人</td><td>编号</td><td>001</td><td>车间名称</td><td>工业机器人装调与维护实训基地 813</td></tr>
<tr><td>工作任务</td><td colspan="2">工业机器人认知</td><td colspan="2">完成工时</td><td>6 个工时</td></tr>
<tr><td>技术要求</td><td colspan="5">按照 ER10-C10 型工业机器人检测技术要求，达到设备出厂合格证明书的各项几何精度标准</td></tr>
<tr><td colspan="6">以下由接单人和确认方填写</td></tr>
<tr><td>领取材料
（含消耗品）</td><td colspan="3">零部件名称、数量：</td><td rowspan="2">成本核算</td><td rowspan="2">金额合计：
仓管员（签名）
年　月　日</td></tr>
<tr><td>领用工具</td><td colspan="3"></td></tr>
<tr><td>任务实施记录</td><td colspan="3"></td><td colspan="2">操作员（签名）
年　月　日</td></tr>
<tr><td>任务验收</td><td colspan="3"></td><td colspan="2">验收人员（签名）
年　月　日</td></tr>
</table>

一、收集信息，明确任务

1. 通过分组讨论，列出要完成 ER10-C10 型工业机器人认知任务应收集哪些问题。

＿＿

＿＿

＿＿

2. 查阅资料，摘抄工业机器人的定义和历史发展过程，并且知道目前工业机器人应用在哪些领域。

____

____

____

3. 通过查找网络资源，摘抄《工业机器人安全须知》。

____

____

____

____

4. 认识下图所示的机器人安全生产手势法，并在车间查找记录其他安全生产的警示标识。

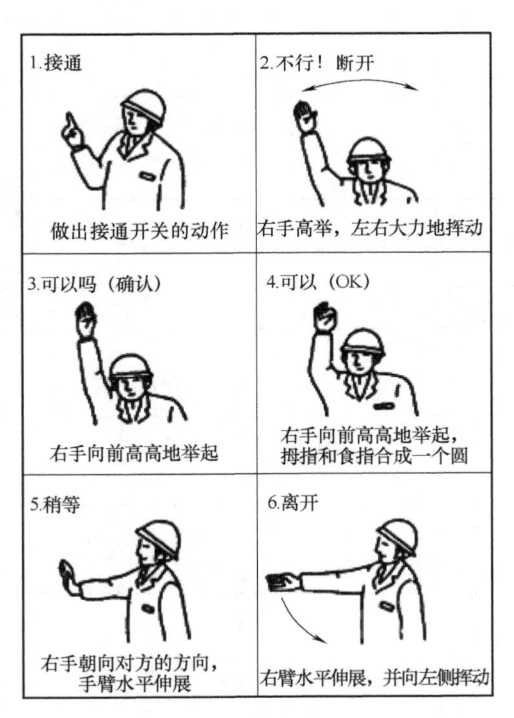

在车间查找并记录其他安全生产警示标识有：____

____

____

二、计划与决策

1. 各小组再次仔细阅读派工单的内容，观察实物并结合铭牌，形成粗略认知，主要包括对设备型号规格，机械系统的组成，相关性能参数和安全注意事项等的认识。

ER10-C10 型工业机器人认知工艺表

序号	工作步骤	作业内容	工具、量具及设备	安全注意事项
操作时长				

2. 学习活动小组成员工作任务安排。

序号	组员姓名	组员分工	职责	备注
1				
2				
3				
4				
5				

小提示

1. 小组学习记录需有：记录人、主持人、小组成员、组员分工及职责等要素。
2. 请用数码相机或手机记录任务实施时的关键步骤。

三、任务实施

1. 列出认识 ER10-C10 型工业机器人所需工具、量具的名称和用途。

类　型	名　称	用　途
工具		
量具		

2. 型号规格说明。

ER10-C10 型：______________________________

3. 列出 ER10-C10 型工业机器人机械系统的组成及相关性能参数。

____

四、检查控制

ER10-C10 型工业机器人认知过程检查评分表

班级：________ 小组：________ 日期：____年____月____日					
序号	要　求		配分	评分标准	得分
1	正确说明工业机器人型号规格	熟练、快速达到要求	20~25	酌情扣分	
		能完成并达到要求	12~20	酌情扣分	
		基本正确但达不到要求	12 以下	酌情扣分	
2	正确列出工业机器人相关性能参数	列出所有性能参数	20~25	酌情扣分	
		能够列出但不全面	12~20	酌情扣分	
		列出少许部分	12 以下	酌情扣分	
3	做好认知前的安全准备工作	全面完成	5~10	酌情扣分	
		基本完成	5 以下	酌情扣分	

（续）

序号	要　求		配分	评分标准	得分
4	能正确运用各种工具、量具	能熟练使用	10~15	酌情扣分	
		会使用但不熟练	5~10	酌情扣分	
		了解但使用方法不正确	5以下	酌情扣分	
5	掌握安全生产的手势法	全部回答正确	10~15	酌情扣分	
		一半问答正确	5~10	酌情扣分	
		概念模糊或不正确	5以下	酌情扣分	
6	安全文明操作	较好符合要求	5~10	酌情扣分	
		有明显不符合要求	5以下	酌情扣分	
			总分		

五、评价反馈

结果性评价表

班级：_____ 姓名：_________ 学号：_________ 日期：___年___月___日						
评价指标	评 价 标 准	分值	评价依据	自评	组评	师评
纪律表现	按时上下课，着装规范	5	课堂考勤、观察			
	遵守一体化教室的使用规则	5				
知识目标	正确查找资料，写出工业机器人的相关知识点	10	工作页			
	正确制订认知计划	10				
技能目标	正确利用网络资源、教材资料查找有效信息	5	课堂表现评分表、检测评价表			
	正确使用工具、量具及耗材	5				
	以小组合作的方式完成工业机器人认知，符合职业岗位要求	10				
情感目标	在小组讨论中能积极发言或汇报	10	课堂表现评分表、课堂观察			
	积极配合小组成员完成工作任务	10				
	具备安全意识与规范意识	10				
	具备团队协作能力	10				
	有责任心，对自己的行为负责	10				
合计						
注：总分=自评（30%）+组评（30%）+师评（40%），满分100分						

六、撰写工作总结

____

____

____

____

学习活动二 示教器认知

学习目标

1. 通过学习课程平台上的资源，进行任务分析，获取任务关键信息，完成工业机器人装调与维护工作页。
2. 描述示教器的含义。
3. 掌握示教器的软硬按键功能。
4. 能够利用示教器切换不同的运动方式和运行速度。
5. 能够在示教器上正确显示机器人当前坐标值。
6. 通过本次任务的学习，能提升沟通能力、团队协作能力、6S 标准执行能力。

学习地点

工业机器人装调与维护一体化学习工作站

学习资源：《机修钳工工艺学》《机修钳工技能训练》《工业机器人装调与维护工作页》《工业机器人装调与维护实习指导书》《工业机器人安装与调试》《工业机器人装调与维修》等教材，工业机器人装调与维护教学视频、教学课件及网络资源等。

学习过程

学习任务描述

情景描述：某实习工厂工业机器人装调与维护实训基地 813 新购进一台 ER10-C10 型工业机器人，维修调试人员需在技术员的指导下对该工业机器人的示教器有基本的认知，熟练掌握其操作技巧，以便将来在教学过程中指导学生进行应用和维护保养。本次工作任务是通过学习，对示教器有基础认知，知道示教器是什么，有哪些按键，有什么功能，并利用示教器对工业机器人进行简单操作。

教学准备

准备机修钳工安全操作规程，安全警示标牌，ER10-C10 型工业机器人使用说明书、生产合格证，装调所需的工具和量具及辅具，劳保用品，教材，机械部分和电气部分的维修手册等。

<table>
<tr><td colspan="6">生 产 派 工 单
单号：________ 开单部门：________________ 开单人：________
开单时间：_____年____月____日____时____分 接单人：______部______小组________（签名）</td></tr>
<tr><td colspan="6">以下由开单人填写</td></tr>
<tr><td>设备名称</td><td>ER10-C10 型工业机器人</td><td>编号</td><td>001</td><td>车间名称</td><td>工业机器人装调与维护实训基地 813</td></tr>
<tr><td>工作任务</td><td colspan="2">示教器认知</td><td colspan="2">完成工时</td><td>6 个工时</td></tr>
<tr><td>技术要求</td><td colspan="5">按照 ER10-C10 型工业机器人检测技术要求，达到设备出厂合格证明书的各项几何精度标准</td></tr>
<tr><td colspan="6">以下由接单人和确认方填写</td></tr>
<tr><td>领取材料
（含消耗品）</td><td colspan="3">零部件名称、数量：</td><td rowspan="2">成
本
核
算</td><td rowspan="2">金额合计：
仓管员（签名）
年 月 日</td></tr>
<tr><td>领用工具</td><td colspan="3"></td></tr>
<tr><td>任务实施记录</td><td colspan="3"></td><td colspan="2">操作员（签名）
年 月 日</td></tr>
<tr><td>任务验收</td><td colspan="3"></td><td colspan="2">验收人员（签名）
年 月 日</td></tr>
</table>

一、收集信息，明确任务

1. 通过分组讨论，列出要完成 ER10-C10 型工业机器人示教器认知任务应收集哪些问题。

____

____

____

2. 查阅资料，摘抄示教器的定义和使用注意事项。

____

____

____

____

3. 通过观看《ER10-C10 型工业机器人基础操作教学视频》，列出各软硬按键名称和功能。

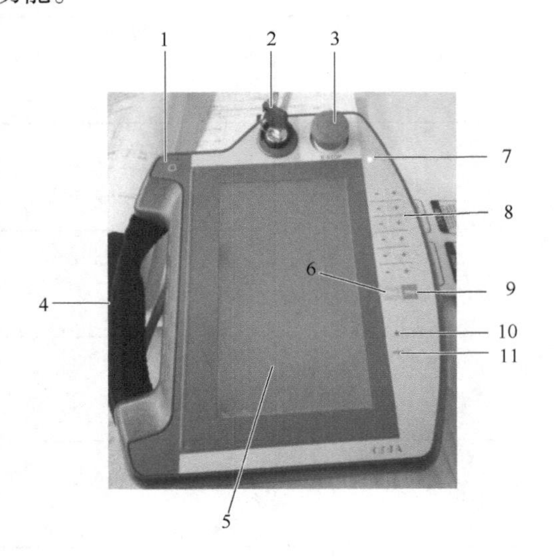

1-______________________
2-______________________
3-______________________
4-______________________
5-______________________
6-______________________
7-______________________
8-______________________
9-______________________
10-______________________
11-______________________

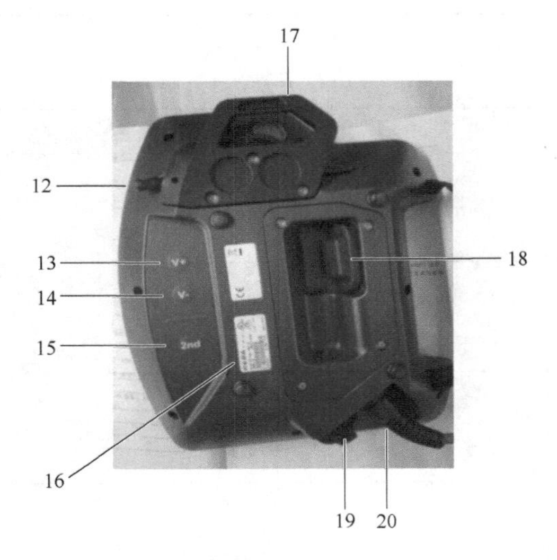

12-______________________
13-______________________
14-______________________
15-______________________
16-______________________
17-______________________
18-______________________
19-______________________
20-______________________

二、计划与决策

1. 观看《ER10-C10 型工业机器人基础操作教学视频》，详细记录工业机器人的操作步骤和注意事项，通过小组讨论方式，完善 ER10-C10 型工业机器人基础操作工艺过程。

ER10-C10 型工业机器人基础操作工艺过程

序号	工作步骤	作业内容	工具、量具及设备	安全注意事项
操作时长				

2. 学习活动小组成员工作任务安排。

序号	组员姓名	组员分工	职责	备注
1				
2				
3				
4				
5				

小提示

1. 小组学习记录需有：记录人、主持人、小组成员、组员分工及职责等要素。
2. 请用数码相机或手机记录任务实施时的关键步骤。

三、任务实施

1. 列出 ER10-C10 型工业机器人基础操作所需工具、量具的名称和用途。

类　型	名　称	用　途
工具		
量具		

2. 当工业机器人运动到目标点时，记录它的关节坐标值和世界坐标值。

____

____

____

3. 小组讨论，回顾工业机器人的操作过程，进一步分析和完善操作方法和技巧，并补充在下面。

____

____

____

____

四、检查控制

ER10-C10 型工业机器人基础操作过程检查评分表

班级：________　小组：________________　日期：____年____月____日					
序号	要　求		配分	评分标准	得分
1	示教器软硬按键的名称、功能认知	熟练、快速达到要求	20~25	酌情扣分	
		能完成并达到要求	12~20	酌情扣分	
		基本正确但达不到要求	12 以下	酌情扣分	
2	基础操作方法正确	熟练、快速完成基础操作	20~25	酌情扣分	
		能完成基础操作	12~20	酌情扣分	
		了解但完不成基础操作	12 以下	酌情扣分	
3	做好操作前的准备工作	全面完成	5~10	酌情扣分	
		基本完成	5 以下	酌情扣分	

（续）

序号	要求		配分	评分标准	得分
4	能正确运用各种工具、量具进行操作	能熟练使用	10~15	酌情扣分	
		会使用但不熟练	5~10	酌情扣分	
		了解但使用方法不正确	5 以下	酌情扣分	
5	能正确在两种坐标系下显示机器人当前坐标值	两种坐标值正确	10~15	酌情扣分	
		一种坐标值正确	5~10	酌情扣分	
		概念模糊或不正确	5 以下	酌情扣分	
6	安全文明操作	较好符合要求	5~10	酌情扣分	
		有明显不符合要求	5 以下	酌情扣分	
			总分		

五、评价反馈

结果性评价表

班级：________姓名：________学号：________日期：____年____月____日

评价指标	评价标准	分值	评价依据	自评	组评	师评
纪律表现	按时上下课，着装规范	5	课堂考勤、观察			
	遵守一体化教室的使用规则	5				
知识目标	正确查找资料，写出示教器认知的相关知识点	10	工作页			
	正确制订认知、操作计划	10				
技能目标	正确利用网络资源、教材资料查找有效信息	5	课堂表现评分表、检测评价表			
	正确使用工具、量具及耗材	5				
	以小组合作的方式完成示教器认知、操作，符合职业岗位要求	10				
情感目标	在小组讨论中能积极发言或汇报	10	课堂表现评分表、课堂观察			
	积极配合小组成员完成工作任务	10				
	具备安全意识与规范意识	10				
	具备团队协作能力	10				
	有责任心，对自己的行为负责	10				
合计						
注：总分=自评（30%）+组评（30%）+师评（40%），满分 100 分						

六、撰写工作总结

____

____

____

____

学习活动三　点到点指令应用

学习目标

1. 通过学习课程平台上的资源，进行任务分析，获取任务关键信息，完成工业机器人装调与维护工作页。
2. 描述点到点指令的含义。
3. 掌握点到点指令的原理、功能。
4. 能够利用示教器正确编写点到点指令程序。
5. 能够在手动模式下单步执行所编写的指令程序。
6. 能够在自动模式下连续执行所编写的指令程序。

学习地点

工业机器人装调与维护一体化学习工作站

学习资源：《机修钳工工艺学》《机修钳工技能训练》《工业机器人装调与维护工作页》《工业机器人装调与维护实习指导书》《工业机器人安装与调试》《工业机器人装调与维修》等教材，工业机器人装调与维护教学视频、教学课件及网络资源等。

学习过程

学习任务描述

情景描述：某实习工厂工业机器人装调与维护实训基地 813 新购进一台 ER10-C10 型工业机器人，维修调试人员需要在技术员的指导下，熟练掌握编程技巧，以便将来在教学过程中指导学生进行应用和维护保养。本次工作任务是通过学习，对点到点指令有基础认知，知道点对点指令是什么，基于什么工作原理，有什么功能，并能利用示教器正确编写点到点指令程序。

教学准备

准备机修钳工安全操作规程，安全警示标牌，ER10-C10 型工业机器人使用说明书、生产合格证，装调所需的工具和量具及辅具，劳保用品，教材，机械部分和电气部分的维修手册等。

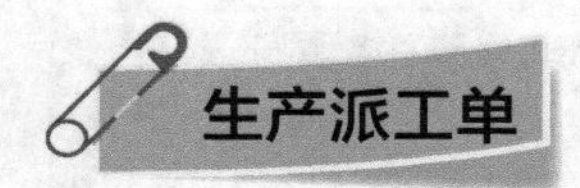

<table>
<tr><td colspan="8">生 产 派 工 单
单号：＿＿＿＿＿ 开单部门：＿＿＿＿＿＿＿＿＿＿＿＿＿＿＿＿ 开单人：＿＿＿＿＿
开单时间：＿＿年＿＿月＿＿日＿＿时＿＿分 接单人：＿＿＿＿部＿＿＿＿小组＿＿＿＿＿＿（签名）</td></tr>
<tr><td colspan="8">以下由开单人填写</td></tr>
<tr><td>设备名称</td><td colspan="2">ER10-C10 型工业机器人</td><td>编号</td><td>001</td><td>车间名称</td><td colspan="2">工业机器人装调与维护实训基地 813</td></tr>
<tr><td>工作任务</td><td colspan="3">点到点指令应用</td><td colspan="2">完成工时</td><td colspan="2">6 个工时</td></tr>
<tr><td>技术要求</td><td colspan="7">按照 ER10-C10 型工业机器人检测技术要求，达到设备出厂合格证明书的各项几何精度标准</td></tr>
<tr><td colspan="8">以下由接单人和确认方填写</td></tr>
<tr><td>领取材料
（含消耗品）</td><td colspan="4">零部件名称、数量：</td><td rowspan="2">成本核算</td><td colspan="2" rowspan="2">金额合计：
仓管员（签名）
年 月 日</td></tr>
<tr><td>领用工具</td><td colspan="4"></td></tr>
<tr><td>任务实施记录</td><td colspan="5"></td><td colspan="2">操作员（签名）
年 月 日</td></tr>
<tr><td>任务验收</td><td colspan="5"></td><td colspan="2">验收人员（签名）
年 月 日</td></tr>
</table>

一、收集信息，明确任务

1. 通过分组讨论，列出要完成 ER10-C10 型工业机器人点到点指令应用任务应收集哪些问题。

＿＿

＿＿

＿＿

2. 查阅资料，摘抄点到点指令的定义、工作原理和功能。

3. 通过查找网络资源，摘抄《工业机器人编程操作规程》。

二、计划与决策

1. 观看《ER10-C10 型工业机器人编程应用教学视频》，详细记录点到点指令编程的步骤和注意事项，通过小组讨论方式，完善 ER10-C10 型工业机器人点到点指令编程工艺过程。

ER10-C10 型工业机器人点到点指令编程工艺过程

序号	工作步骤	作业内容	工具、量具及设备	安全注意事项
操作时长				

2. 学习活动小组成员工作任务安排。

序号	组员姓名	组员分工	职责	备注
1				
2				
3				
4				
5				

小提示

1. 小组学习记录需有：记录人、主持人、小组成员、组员分工及职责等要素。
2. 请用数码相机或手机记录任务实施时的关键步骤。

三、任务实施

1. 列出 ER10-C10 型工业机器人点到点指令编程所需工具、量具的名称和用途。

类　型	名　称	用　途
工具		
量具		

2. 当工业机器人完成点 A 到点 D 的编程时，记录当前点到点运动指令的程序。

3. 小组讨论，回顾工业机器人点到点指令编程作业过程，进一步分析和完善操作方法和技巧，并做补充。

四、检查控制

ER10-C10 型工业机器人点到点指令编程过程检查评分表

班级：________　小组：__________________　日期：____年____月____日

序号	要　　求		配分	评分标准	得分
1	点到点指令的定义、功能认知	熟练、快速达到要求	20~25	酌情扣分	
		能完成并达到要求	12~20	酌情扣分	
		基本正确但达不到要求	12 以下	酌情扣分	
2	点到点指令编程方法正确	熟练、快速完成基础操作	20~25	酌情扣分	
		能完成基础操作	12~20	酌情扣分	
		了解但完不成基础操作	12 以下	酌情扣分	
3	做好编程前的准备工作	全面完成	5~10	酌情扣分	
		基本完成	5 以下	酌情扣分	
4	能正确运用各种工具、量具进行编程	能熟练使用	10~15	酌情扣分	
		会使用但不熟练	5~10	酌情扣分	
		了解但使用方法不正确	5 以下	酌情扣分	
5	能正确在两种模式下执行当前程序	两种模式正确	10~15	酌情扣分	
		一种模式正确	5~10	酌情扣分	
		都不正确	5 以下	酌情扣分	
6	安全文明操作	较好符合要求	5~10	酌情扣分	
		有明显不符合要求	5 以下	酌情扣分	
			总分		

五、评价反馈

结果性评价表

<table>
<tr><td colspan="7">班级：________姓名：______________学号：____________ 日期：____年___月___日</td></tr>
<tr><td>评价指标</td><td>评 价 标 准</td><td>分值</td><td>评价依据</td><td>自评</td><td>组评</td><td>师评</td></tr>
<tr><td rowspan="2">纪律表现</td><td>按时上下课，着装规范</td><td>5</td><td rowspan="2">课堂考勤、观察</td><td></td><td></td><td></td></tr>
<tr><td>遵守一体化教室的使用规则</td><td>5</td><td></td><td></td><td></td></tr>
<tr><td rowspan="2">知识目标</td><td>正确查找资料，写出点到点指令应用的相关知识点</td><td>10</td><td rowspan="2">工作页</td><td></td><td></td><td></td></tr>
<tr><td>正确制订编程、操作计划</td><td>10</td><td></td><td></td><td></td></tr>
<tr><td rowspan="3">技能目标</td><td>正确利用网络资源、教材资料查找有效信息</td><td>5</td><td rowspan="3">课堂表现评分表、检测评价表</td><td></td><td></td><td></td></tr>
<tr><td>正确使用工具、量具及耗材</td><td>5</td><td></td><td></td><td></td></tr>
<tr><td>以小组合作的方式完成点到点指令编程，符合职业岗位要求</td><td>10</td><td></td><td></td><td></td></tr>
<tr><td rowspan="5">情感目标</td><td>在小组讨论中能积极发言或汇报</td><td>10</td><td rowspan="5">课堂表现评分表、课堂观察</td><td></td><td></td><td></td></tr>
<tr><td>积极配合小组成员完成工作任务</td><td>10</td><td></td><td></td><td></td></tr>
<tr><td>具备安全意识与规范意识</td><td>10</td><td></td><td></td><td></td></tr>
<tr><td>具备团队协作能力</td><td>10</td><td></td><td></td><td></td></tr>
<tr><td>有责任心，对自己的行为负责</td><td>10</td><td></td><td></td><td></td></tr>
<tr><td>合计</td><td colspan="6"></td></tr>
<tr><td colspan="7">注：总分=自评(30%)+组评(30%)+师评(40%)，满分 100 分</td></tr>
</table>

六、撰写工作总结

____

____

____

____

____

____

____

学习活动四　直线指令应用

学习目标

1. 通过学习课程平台上的资源，进行任务分析，获取任务关键信息，完成工业机器人装调与维护工作页。
2. 描述直线指令的含义。
3. 掌握直线指令的原理、功能。
4. 能够利用示教器正确编写直线指令程序。
5. 能够在手动模式下单步执行所编写的指令程序。
6. 能够在自动模式下连续执行所编写的指令程序。

学习地点

工业机器人装调与维护一体化学习工作站

学习资源：《机修钳工工艺学》《机修钳工技能训练》《工业机器人装调与维护工作页》《工业机器人装调与维护实习指导书》《工业机器人安装与调试》《工业机器人装调与维修》等教材，工业机器人装调与维护教学视频、教学课件及网络资源等。

学习过程

学习任务描述

情景描述：某实习工厂工业机器人装调与维护实训基地 813 新购进一台 ER10-C10 型工业机器人，维修调试人员需要在技术员的指导下，熟练掌握编程技巧，以便将来在教学过程中指导学生进行应用和维护保养。本次工作任务是通过学习，对直线指令有基础认知，知道直线指令是什么，基于什么工作原理，有什么功能，并能利用示教器正确编写直线指令程序。

教学准备

准备机修钳工安全操作规程，安全警示标牌，ER10-C10 型工业机器人使用说明书、生产合格证，装调所需的工具和量具及辅具，劳保用品，教材，机械部分和电气部分的维修手册等。

<table>
<tr><td colspan="6">生 产 派 工 单
单号：__________ 开单部门：__________ 开单人：__________
开单时间：____年____月____日____时____分 接单人：______部______小组__________（签名）</td></tr>
<tr><td colspan="6">以下由开单人填写</td></tr>
<tr><td>设备名称</td><td>ER10-C10 型工业机器人</td><td>编号</td><td>001</td><td>车间名称</td><td>工业机器人装调与维护实训基地 813</td></tr>
<tr><td>工作任务</td><td colspan="2">直线指令应用</td><td colspan="2">完成工时</td><td>6 个工时</td></tr>
<tr><td>技术要求</td><td colspan="5">按照 ER10-C10 型工业机器人检测技术要求，达到设备出厂合格证明书的各项几何精度标准</td></tr>
<tr><td colspan="6">以下由接单人和确认方填写</td></tr>
<tr><td>领取材料
（含消耗品）</td><td colspan="2">零部件名称、数量：</td><td rowspan="2">成本核算</td><td colspan="2" rowspan="2">金额合计：
仓管员（签名）
年 月 日</td></tr>
<tr><td>领用工具</td><td colspan="2"></td></tr>
<tr><td>任务实施记录</td><td colspan="3"></td><td colspan="2">操作员（签名）
年 月 日</td></tr>
<tr><td>任务验收</td><td colspan="3"></td><td colspan="2">验收人员（签名）
年 月 日</td></tr>
</table>

一、收集信息，明确任务

1. 通过分组讨论，列出要完成 ER10-C10 型工业机器人直线指令应用任务应收集哪些问题。

____

____

____

2. 查阅资料，摘抄直线指令的定义、工作原理和功能。

3. 通过查找网络资源，摘抄《工业机器人编程操作规程》。

二、计划与决策

1. 观看《ER10-C10 型工业机器人编程应用教学视频》，详细记录直线指令编程的步骤和注意事项，通过小组讨论方式，完善 ER10-C10 型工业机器人直线指令编程工艺过程。

ER10-C10 型工业机器人直线指令编程工艺过程

序号	工作步骤	作业内容	工具、量具及设备	安全注意事项
操作时长				

2. 学习活动小组成员工作任务安排。

序号	组员姓名	组员分工	职责	备注
1				
2				
3				
4				
5				

小提示

1. 小组学习记录需有：记录人、主持人、小组成员、组员分工及职责等要素。
2. 请用数码相机或手机记录任务实施时的关键步骤。

三、任务实施

1. 列出 ER10-C10 型工业机器人直线指令编程所需工具、量具的名称和用途。

类　型	名　称	用　途
工具		
量具		

2. 当工业机器人完成连续 $A1$-$A2$、$A2$-$A3$、$A3$-$A4$、$A4$-$A1$ 四段直线编程时，记录当前直线运动指令程序。

3. 小组讨论，回顾工业机器人直线指令编程作业过程，进一步分析和完善操作方法和技巧，并补充在下面。

四、检查控制

ER10-C10 型工业机器人直线指令编程过程检查评分表

班级：________ 小组：__________________ 日期：____年____月____日

序号	要求		配分	评分标准	得分
1	直线指令的定义功能认知	熟练、快速达到要求	20~25	酌情扣分	
		能完成并达到要求	12~20	酌情扣分	
		基本正确但达不到要求	12 以下	酌情扣分	
2	直线指令编程方法正确	熟练、快速完成基础操作	20~25	酌情扣分	
		能完成基础操作	12~20	酌情扣分	
		了解但完不成基础操作	12 以下	酌情扣分	
3	做好编程前的准备工作	全面完成	5~10	酌情扣分	
		基本完成	5 以下	酌情扣分	
4	能正确运用各种工具、量具进行编程	能熟练使用	10~15	酌情扣分	
		会使用但不熟练	5~10	酌情扣分	
		了解但使用方法不正确	5 以下	酌情扣分	
5	能正确在两种模式下执行当前程序	两种模式正确	10~15	酌情扣分	
		一种模式正确	5~10	酌情扣分	
		都不正确	5 以下	酌情扣分	
6	安全文明操作	较好符合要求	5~10	酌情扣分	
		有明显不符合要求	5 以下	酌情扣分	
			总分		

五、评价反馈

结果性评价表

<table>
<tr><td colspan="7">班级：________姓名：______________学号：______________　　日期：____年____月____日</td></tr>
<tr><td>评价指标</td><td>评 价 标 准</td><td>分值</td><td>评价依据</td><td>自评</td><td>组评</td><td>师评</td></tr>
<tr><td rowspan="2">纪律表现</td><td>按时上下课，着装规范</td><td>5</td><td rowspan="2">课堂考勤、观察</td><td></td><td></td><td></td></tr>
<tr><td>遵守一体化教室的使用规则</td><td>5</td><td></td><td></td><td></td></tr>
<tr><td rowspan="2">知识目标</td><td>正确查找资料，写出直线指令应用的相关知识点</td><td>10</td><td rowspan="2">工作页</td><td></td><td></td><td></td></tr>
<tr><td>正确制订编程、操作计划</td><td>10</td><td></td><td></td><td></td></tr>
<tr><td rowspan="3">技能目标</td><td>正确利用网络资源、教材资料查找有效信息</td><td>5</td><td rowspan="3">课堂表现评分表、检测评价表</td><td></td><td></td><td></td></tr>
<tr><td>正确使用工具、量具及耗材</td><td>5</td><td></td><td></td><td></td></tr>
<tr><td>以小组合作的方式完成直线指令编程，符合职业岗位要求</td><td>10</td><td></td><td></td><td></td></tr>
<tr><td rowspan="5">情感目标</td><td>在小组讨论中能积极发言或汇报</td><td>10</td><td rowspan="5">课堂表现评分表、课堂观察</td><td></td><td></td><td></td></tr>
<tr><td>积极配合小组成员完成工作任务</td><td>10</td><td></td><td></td><td></td></tr>
<tr><td>具备安全意识与规范意识</td><td>10</td><td></td><td></td><td></td></tr>
<tr><td>具备团队协作能力</td><td>10</td><td></td><td></td><td></td></tr>
<tr><td>有责任心，对自己的行为负责</td><td>10</td><td></td><td></td><td></td></tr>
<tr><td>合计</td><td colspan="6"></td></tr>
<tr><td colspan="7">注：总分=自评(30%)+组评(30%)+师评(40%)，满分100分</td></tr>
</table>

六、撰写工作总结

____

____

____

____

____

____

____

学习活动五　快换手爪程序编写

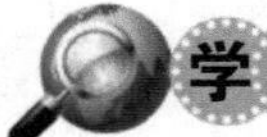

学习目标

1. 通过学习课程平台上的资源，进行任务分析，获取任务关键信息，完成工业机器人装调与维护工作页。
2. 描述等待指令、手爪张开闭合指令的含义。
3. 掌握等待指令、手爪张开闭合指令的原理、功能。
4. 能够利用示教器正确编写快换手爪程序。
5. 能够在手动模式下单步执行所编写的指令程序。
6. 能够在自动模式下连续执行所编写的指令程序。

学习地点

工业机器人装调与维护一体化学习工作站

学习资源：《机修钳工工艺学》《机修钳工技能训练》《工业机器人装调与维护工作页》《工业机器人装调与维护实习指导书》《工业机器人安装与调试》《工业机器人装调与维修》等教材，工业机器人装调与维护教学视频、教学课件及网络资源等。

学习过程

学习任务描述

情景描述：某实习工厂工业机器人装调与维护实训基地 813 新购进一台 ER10-C10 型工业机器人，维修调试人员需要在技术员的指导下，熟练掌握编程技巧，以便将来在教学过程中指导学生进行应用和维护保养。本次工作任务是通过学习，对等待指令、手爪张开闭合指令有基础认知，知道等待指令、手爪张开闭合指令是什么，基于什么工作原理，有什么功能，并能利用示教器正确编写快换手爪程序。

教学准备

准备机修钳工安全操作规程，安全警示标牌，ER10-C10 型工业机器人使用说明书、生产合格证，装调所需的工具和量具及辅具，劳保用品，教材，机械部分和电气部分的维修手册等。

<table>
<tr><td colspan="7">生 产 派 工 单
单号：＿＿＿＿＿ 开单部门：＿＿＿＿＿＿＿＿＿＿＿＿＿＿＿＿ 开单人：＿＿＿＿＿
开单时间：＿＿年＿＿月＿＿日＿＿时＿＿分 接单人：＿＿＿部＿＿＿小组＿＿＿＿＿（签名）</td></tr>
<tr><td colspan="7">以下由开单人填写</td></tr>
<tr><td>设备名称</td><td>ER10-C10 型工业机器人</td><td>编号</td><td>001</td><td>车间名称</td><td colspan="2">工业机器人装调与维护实训基地 813</td></tr>
<tr><td>工作任务</td><td colspan="2">快换手爪程序编写</td><td colspan="2">完成工时</td><td colspan="2">6 个工时</td></tr>
<tr><td>技术要求</td><td colspan="6">按照 ER10-C10 型工业机器人检测技术要求，达到设备出厂合格证明书的各项几何精度标准</td></tr>
<tr><td colspan="7">以下由接单人和确认方填写</td></tr>
<tr><td>领取材料
（含消耗品）</td><td colspan="4">零部件名称、数量：</td><td rowspan="2">成
本
核
算</td><td rowspan="2">金额合计：
仓管员（签名）
年 月 日</td></tr>
<tr><td>领用工具</td><td colspan="4"></td></tr>
<tr><td>任务实施记录</td><td colspan="4"></td><td colspan="2">操作员（签名）
年 月 日</td></tr>
<tr><td>任务验收</td><td colspan="4"></td><td colspan="2">验收人员（签名）
年 月 日</td></tr>
</table>

一、收集信息，明确任务

1. 通过分组讨论，列出要完成 ER10-C10 型工业机器人快换手爪程序编写任务应收集哪些问题。

＿＿

＿＿

＿＿

2. 查阅资料，摘抄等待指令、手爪张开闭合指令的定义、工作原理和功能。

3. 通过查找网络资源，摘抄《工业机器人编程操作规程》。

二、计划与决策

1. 观看《ER10-C10 型工业机器人编程应用教学视频》，详细记录快换手爪程序编写的步骤和注意事项，通过小组讨论方式，完善 ER10-C10 型工业机器人快换手爪程序编写工艺过程。

ER10-C10 型工业机器人快换手爪程序编写工艺过程

序号	工作步骤	作业内容	工具、量具及设备	安全注意事项
操作时长				

2. 学习活动小组成员工作任务安排。

序号	组员姓名	组员分工	职责	备注
1				
2				
3				
4				
5				

小提示

1. 小组学习记录需有：记录人、主持人、小组成员、组员分工及职责等要素。
2. 请用数码相机或手机记录任务实施时的关键步骤。

三、任务实施

1. 列出 ER10-C10 型工业机器人快换手爪程序编写所需工具、量具的名称和用途。

类　型	名　称	用　途
工具		
量具		

2. 当工业机器人完成 1 号手爪与 2 号手爪快换程序编写时，记录当前快换手爪编程程序。

3. 小组讨论，回顾工业机器人快换手爪程序编写作业过程，进一步分析和完善操作方法和技巧，并做补充。

四、检查控制

ER10-C10 型工业机器人快换手爪程序编写过程检查评分表

班级：________ 小组：__________________ 日期：____年____月____日					
序号	要　求		配分	评分标准	得分
1	完成等待指令、手爪张开闭合指令的定义、功能认知	熟练、快速达到要求	20~25	酌情扣分	
		能完成并达到要求	12~20	酌情扣分	
		基本正确但达不到要求	12 以下	酌情扣分	
2	快换手爪程序编写方法正确	熟练、快速完成基础操作	20~25	酌情扣分	
		能完成基础操作	12~20	酌情扣分	
		了解但完不成基础操作	12 以下	酌情扣分	
3	做好编程前的准备工作	全面完成	5~10	酌情扣分	
		基本完成	5 以下	酌情扣分	
4	能正确运用各种工具、量具进行编程	能熟练使用	10~15	酌情扣分	
		会使用但不熟练	5~10	酌情扣分	
		了解但使用方法不正确	5 以下	酌情扣分	
5	能正确在两种模式下执行当前程序	两种模式正确	10~15	酌情扣分	
		一种模式正确	5~10	酌情扣分	
		都不正确	5 以下	酌情扣分	
6	安全文明操作	较好符合要求	5~10	酌情扣分	
		有明显不符合要求	5 以下	酌情扣分	
			总分		

五、评价反馈

结果性评价表

班级：________姓名：______________学号：______________ 日期：____年____月____日

评价指标	评价标准	分值	评价依据	自评	组评	师评
纪律表现	按时上下课，着装规范	5	课堂考勤、观察			
	遵守一体化教室的使用规则	5				
知识目标	正确查找资料，写出等待指令、手爪张开闭合指令应用相关知识点	10	工作页			
	正确制订编程、操作计划	10				
技能目标	正确利用网络资源、教材资料查找有效信息	5	课堂表现评分表、检测评价表			
	正确使用工具、量具及耗材	5				
	以小组合作的方式完成快换手爪程序编写，符合职业岗位要求	10				
情感目标	在小组讨论中能积极发言或汇报	10	课堂表现评分表、课堂观察			
	积极配合小组成员完成工作任务	10				
	具备安全意识与规范意识	10				
	具备团队协作能力	10				
	有责任心，对自己的行为负责	10				
合计						
注：总分=自评（30%）+组评（30%）+师评（40%），满分100分						

六、撰写工作总结

____

____

____

____

____

____

____

学习活动六 圆弧指令应用

学习目标

1. 通过学习课程平台上的资源，进行任务分析，获取任务关键信息，完成工业机器人装调与维护工作页。
2. 描述圆弧指令的含义。
3. 掌握圆弧指令的原理、功能。
4. 能够利用示教器正确编写圆弧指令程序。
5. 能够在手动模式下单步执行所编写的指令程序。
6. 能够在自动模式下连续执行所编写的指令程序。

学习地点

工业机器人装调与维护一体化学习工作站

学习资源：《机修钳工工艺学》《机修钳工技能训练》《工业机器人装调与维护工作页》《工业机器人装调与维护实习指导书》《工业机器人安装与调试》《工业机器人装调与维修》等教材，工业机器人装调与维护教学视频、教学课件及网络资源等。

学习过程

学习任务描述

情景描述：某实习工厂工业机器人装调与维护实训基地 813 新购进一台 ER10-C10 型工业机器人，维修调试人员需要在技术员的指导下，熟练掌握编程技巧，以便将来在教学过程中指导学生进行应用和维护保养。本次工作任务是通过学习，对圆弧指令有基础认知，知道圆弧指令是什么，基于什么工作原理，有什么功能，并能利用示教器正确编写圆弧指令程序。

教学准备

准备机修钳工安全操作规程，安全警示标牌，ER10-C10 型工业机器人使用说明书、生产合格证，装调所需的工具和量具及辅具，劳保用品，教材，机械部分和电气部分的维修手册等。

<table>
<tr><td colspan="8">生 产 派 工 单
单号：______ 开单部门：____________________ 开单人：______
开单时间：____年___月___日___时___分 接单人：_____部_____小组______（签名）</td></tr>
<tr><td colspan="8">以下由开单人填写</td></tr>
<tr><td>设备名称</td><td colspan="2">ER10-C10 型工业机器人</td><td>编号</td><td>001</td><td>车间名称</td><td colspan="2">工业机器人装调与维护实训基地 813</td></tr>
<tr><td>工作任务</td><td colspan="3">圆弧指令应用</td><td colspan="2">完成工时</td><td colspan="2">6 个工时</td></tr>
<tr><td>技术要求</td><td colspan="7">按照 ER10-C10 型工业机器人检测技术要求，达到设备出厂合格证明书的各项几何精度标准</td></tr>
<tr><td colspan="8">以下由接单人和确认方填写</td></tr>
<tr><td>领取材料
（含消耗品）</td><td colspan="4">零部件名称、数量：</td><td rowspan="2">成本核算</td><td colspan="2" rowspan="2">金额合计：
仓管员（签名）
年 月 日</td></tr>
<tr><td>领用工具</td><td colspan="4"></td></tr>
<tr><td>任务实施记录</td><td colspan="4"></td><td colspan="3">操作员（签名）
年 月 日</td></tr>
<tr><td>任务验收</td><td colspan="4"></td><td colspan="3">验收人员（签名）
年 月 日</td></tr>
</table>

一、收集信息，明确任务

1. 通过分组讨论，列出要完成 ER10-C10 型工业机器人圆弧指令应用任务应收集哪些问题。

____

____

____

2. 查阅资料，摘抄圆弧指令的定义、工作原理和功能。

3. 通过查找网络资源，摘抄《工业机器人编程操作规程》。

二、计划与决策

1. 观看《ER10-C10 型工业机器人编程应用教学视频》，详细记录圆弧指令编程的步骤和注意事项，通过小组讨论方式，完善 ER10-C10 型工业机器人圆弧指令编程工艺过程。

ER10-C10 型工业机器人圆弧指令编程工艺过程

序号	工作步骤	作业内容	工具、量具及设备	安全注意事项
操作时长				

2. 学习活动小组成员工作任务安排。

序号	组员姓名	组员分工	职责	备注
1				
2				
3				
4				
5				

小提示

1. 小组学习记录需有：记录人、主持人、小组成员、组员分工及职责等要素。
2. 请用数码相机或手机记录任务实施时的关键步骤。

三、任务实施

1. 列出ER10-C10型工业机器人圆弧指令编程所需工具、量具的名称和用途。

类　型	名　称	用　途
工具		
量具		

2. 当工业机器人完成连续 $B1$-$B2$、$B2$-$B3$、$B3$-$B1$ 三段圆弧编程时，记录当前圆弧运动指令程序。

____

____

____

3. 小组讨论，回顾工业机器人圆弧指令编程作业过程，进一步分析和完善操作方法和技巧，并做补充。

____

____

____

____

四、检查控制

ER10-C10 型工业机器人圆弧指令编程过程检查评分表

班级：________ 小组：____________ 日期：____年____月____日					
序号	要　求		配分	评分标准	得分
1	圆弧指令的定义、功能认知	熟练、快速达到要求	20~25	酌情扣分	
		能完成并达到要求	12~20	酌情扣分	
		基本正确但达不到要求	12 以下	酌情扣分	
2	圆弧指令编程方法正确	熟练、快速完成基础操作	20~25	酌情扣分	
		能完成基础操作	12~20	酌情扣分	
		了解但完不成基础操作	12 以下	酌情扣分	
3	做好编程前的准备工作	全面完成	5~10	酌情扣分	
		基本完成	5 以下	酌情扣分	
4	能正确运用各种工具、量具进行编程	能熟练使用	10~15	酌情扣分	
		会使用但不熟练	5~10	酌情扣分	
		了解但使用方法不正确	5 以下	酌情扣分	
5	能正确在两种模式下执行当前程序	两种模式正确	10~15	酌情扣分	
		一种模式正确	5~10	酌情扣分	
		都不正确	5 以下	酌情扣分	
6	安全文明操作	较好符合要求	5~10	酌情扣分	
		有明显不符合要求	5 以下	酌情扣分	
			总分		

五、评价反馈

结果性评价表

<table>
<tr><td colspan="7">班级：________姓名：____________学号：__________　　日期：____年____月____日</td></tr>
<tr><td>评价指标</td><td>评价标准</td><td>分值</td><td>评价依据</td><td>自评</td><td>组评</td><td>师评</td></tr>
<tr><td rowspan="2">纪律表现</td><td>按时上下课，着装规范</td><td>5</td><td rowspan="2">课堂考勤、观察</td><td></td><td></td><td></td></tr>
<tr><td>遵守一体化教室的使用规则</td><td>5</td><td></td><td></td><td></td></tr>
<tr><td rowspan="2">知识目标</td><td>正确查找资料，写出圆弧指令应用相关知识点</td><td>10</td><td rowspan="2">工作页</td><td></td><td></td><td></td></tr>
<tr><td>正确制订编程、操作计划</td><td>10</td><td></td><td></td><td></td></tr>
<tr><td rowspan="3">技能目标</td><td>正确利用网络资源、教材资料查找有效信息</td><td>5</td><td rowspan="3">课堂表现评分表、检测评价表</td><td></td><td></td><td></td></tr>
<tr><td>正确使用工具、量具及耗材</td><td>5</td><td></td><td></td><td></td></tr>
<tr><td>以小组合作的方式完成圆弧指令编程，符合职业岗位要求</td><td>10</td><td></td><td></td><td></td></tr>
<tr><td rowspan="5">情感目标</td><td>在小组讨论中能积极发言或汇报</td><td>10</td><td rowspan="5">课堂表现评分表、课堂观察</td><td></td><td></td><td></td></tr>
<tr><td>积极配合小组成员完成工作任务</td><td>10</td><td></td><td></td><td></td></tr>
<tr><td>具备安全意识与规范意识</td><td>10</td><td></td><td></td><td></td></tr>
<tr><td>具备团队协作能力</td><td>10</td><td></td><td></td><td></td></tr>
<tr><td>有责任心，对自己的行为负责</td><td>10</td><td></td><td></td><td></td></tr>
<tr><td>合计</td><td colspan="6"></td></tr>
<tr><td colspan="7">注：总分 = 自评（30%）+组评（30%）+师评（40%），满分 100 分</td></tr>
</table>

六、撰写工作总结

____

____

____

____

____

____

____

学习活动七　“田”字轨迹程序编写

1. 通过学习课程平台上的资源，进行任务分析，获取任务关键信息，完成工业机器人装调与维护工作页。
2. 描述绝对\相对直线位移指令、到位信号确认指令的含义。
3. 掌握绝对\相对直线位移指令、到位信号确认指令的原理、功能。
4. 能够利用示教器正确编写“田”字轨迹程序。
5. 能够在手动模式下单步执行所编写的指令程序。
6. 能够在自动模式下连续执行所编写的指令程序。

学习地点

工业机器人装调与维护一体化学习工作站

学习资源：《机修钳工工艺学》《机修钳工技能训练》《工业机器人装调与维护工作页》《工业机器人装调与维护实习指导书》《工业机器人安装与调试》《工业机器人装调与维修》等教材，工业机器人装调与维护教学视频、教学课件及网络资源等。

学习过程

学习任务描述

情景描述：某实习工厂工业机器人装调与维护实训基地 813 新购进一台 ER10-C10 型工业机器人，维修调试人员需要在技术员的指导下，熟练掌握编程技巧，以便将来在教学过程中指导学生进行应用和维护保养。本次工作任务是通过学习，对绝对\相对直线位移指令、到位信号确认指令有基础认知，知道其是什么，基于什么工作原理，有什么功能，并能利用示教器正确编写“田”字轨迹程序。

教学准备

准备机修钳工安全操作规程，安全警示标牌，ER10-C10 型工业机器人使用说明书、生产合格证，装调所需的工具和量具及辅具，劳保用品，教材，机械部分和电气部分的维修手册等。

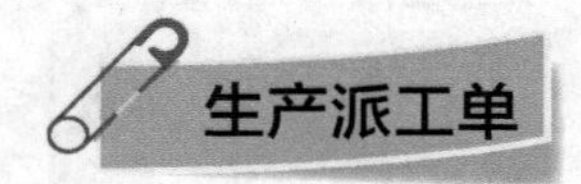

<table>
<tr><td colspan="8">生 产 派 工 单
单号：________ 开单部门：______________________ 开单人：________
开单时间：____年___月___日___时___分 接单人：______部______小组________（签名）</td></tr>
<tr><td colspan="8">以下由开单人填写</td></tr>
<tr><td>设备名称</td><td colspan="2">ER10-C10 型工业机器人</td><td>编号</td><td>001</td><td>车间名称</td><td colspan="2">工业机器人装调与维护实训基地 813</td></tr>
<tr><td>工作任务</td><td colspan="3">“田”字轨迹程序编写</td><td colspan="2">完成工时</td><td colspan="2">6 个工时</td></tr>
<tr><td>技术要求</td><td colspan="7">按照 ER10-C10 型工业机器人检测技术要求，达到设备出厂合格证明书的各项几何精度标准</td></tr>
<tr><td colspan="8">以下由接单人和确认方填写</td></tr>
<tr><td>领取材料
（含消耗品）</td><td colspan="4">零部件名称、数量：</td><td rowspan="2">成
本
核
算</td><td colspan="2" rowspan="2">金额合计：
仓管员（签名）
年 月 日</td></tr>
<tr><td>领用工具</td><td colspan="4"></td></tr>
<tr><td>任务实施记录</td><td colspan="4"></td><td colspan="3">操作员（签名）
年 月 日</td></tr>
<tr><td>任务验收</td><td colspan="4"></td><td colspan="3">验收人员（签名）
年 月 日</td></tr>
</table>

一、收集信息，明确任务

1. 通过分组讨论，列出要完成 ER10-C10 型工业机器人“田”字轨迹程序编写任务应收集哪些问题。

____

____

____

2. 查阅资料，摘抄绝对\相对直线位移指令和到位信号确认指令的定义、工作原理和功能。

3. 通过查找网络资源，摘抄《工业机器人编程操作规程》。

二、计划与决策

1. 观看《ER10-C10 型工业机器人编程应用教学视频》，详细记录“田”字轨迹程序编写的步骤和注意事项，通过小组讨论方式，完善 ER10-C10 型工业机器人“田”字轨迹程序编写工艺过程。

ER10-C10 型工业机器人“田”字轨迹程序编写工艺过程

序号	工作步骤	作业内容	工具、量具及设备	安全注意事项
操作时长				

2. 学习活动小组成员工作任务安排。

序号	组员姓名	组员分工	职责	备注
1				
2				
3				
4				
5				

小提示

1. 小组学习记录需有：记录人、主持人、小组成员、组员分工及职责等要素。
2. 请用数码相机或手机记录任务实施时的关键步骤。

三、任务实施

1. 列出 ER10-C10 型工业机器人“田”字轨迹程序编写所需工具、量具的名称和用途。

类　型	名　称	用　途
工具		
量具		

2. 当工业机器人完成“田”字轨迹程序编写时，记录当前示教器的程序。

3. 小组讨论，回顾工业机器人“田”字轨迹程序编写作业过程，进一步分析和完善操作方法和技巧，并做补充。

四、检查控制

ER10-C10 型工业机器人“田”字轨迹程序编写过程检查评分表

班级：_______　小组：_________________　日期：____年____月____日					
序号	要　求		配分	评分标准	得分
1	完成绝对\相对直线位移指令、到位信号确认指令的定义、功能认知	熟练、快速达到要求	20~25	酌情扣分	
		能完成并达到要求	12~20	酌情扣分	
		基本正确但达不到要求	12 以下	酌情扣分	
2	“田”字轨迹程序编写方法正确	熟练、快速完成基础操作	20~25	酌情扣分	
		能完成基础操作	12~20	酌情扣分	
		了解但完不成基础操作	12 以下	酌情扣分	
3	做好编程前的准备工作	全面完成	5~10	酌情扣分	
		基本完成	5 以下	酌情扣分	
4	能正确运用各种工具、量具进行编程	能熟练使用	10~15	酌情扣分	
		会使用但不熟练	5~10	酌情扣分	
		了解但使用方法不正确	5 以下	酌情扣分	
5	能正确在两种模式下执行当前程序	两种模式正确	10~15	酌情扣分	
		一种模式正确	5~10	酌情扣分	
		都不正确	5 以下	酌情扣分	
6	安全文明操作	较好符合要求	5~10	酌情扣分	
		有明显不符合要求	5 以下	酌情扣分	
			总分		

五、评价反馈

结果性评价表

班级：________姓名：____________学号：__________ 日期：___年___月___日

评价指标	评 价 标 准	分值	评价依据	自评	组评	师评
纪律表现	按时上下课，着装规范	5	课堂考勤、观察			
	遵守一体化教室的使用规则	5				
知识目标	正确查找资料，写出绝对＼相对直线位移指令、到位信号确认指令应用相关知识点	10	工作页			
	正确制订编程、操作计划	10				
技能目标	正确利用网络资源、教材资料查找有效信息	5	课堂表现评分表、检测评价表			
	正确使用工具、量具及耗材	5				
	以小组合作的方式完成“田”字轨迹程序编写，符合职业岗位要求	10				
情感目标	在小组讨论中能积极发言或汇报	10	课堂表现评分表、课堂观察			
	积极配合小组成员完成工作任务	10				
	具备安全意识与规范意识	10				
	具备团队协作能力	10				
	有责任心，对自己的行为负责	10				
合计						
注：总分＝自评（30%）+组评（30%）+师评（40%），满分100分						

六、撰写工作总结

____

____

____

____

____

学习活动八　“国”字轨迹程序编写

学习目标

1. 通过学习课程平台上的资源，进行任务分析，获取任务关键信息，完成工业机器人装调与维护工作页。
2. 描述绝对\相对直线位移指令、到位信号确认指令的含义。
3. 掌握绝对\相对直线位移指令、到位信号确认指令的原理、功能。
4. 能够利用示教器正确编写“国”字轨迹程序。
5. 能够在手动模式下单步执行所编写的指令程序。
6. 能够在自动模式下连续执行所编写的指令程序。

学习地点

工业机器人装调与维护一体化学习工作站

学习资源：《机修钳工工艺学》《机修钳工技能训练》《工业机器人装调与维护工作页》《工业机器人装调与维护实习指导书》《工业机器人安装与调试》《工业机器人装调与维修》等教材，工业机器人装调与维护教学视频、教学课件及网络资源等。

学习过程

学习任务描述

情景描述：某实习工厂工业机器人装调与维护实训基地 813 新购进一台 ER10-C10 型工业机器人，维修调试人员需要在技术员的指导下，熟练掌握编程技巧，以便将来在教学过程中指导学生进行应用和维护保养。本次工作任务是通过学习，对绝对\相对直线位移指令、到位信号确认指令有基础认知，知道其是什么，基于什么工作原理，有什么功能，并能利用示教器正确编写“国”字轨迹程序。

教学准备

准备机修钳工安全操作规程，安全警示标牌，ER10-C10 型工业机器人使用说明书、生产合格证，装调所需的工具和量具及辅具，劳保用品，教材，机械部分和电气部分的维修手册等。

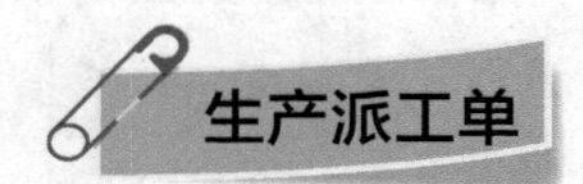

<table>
<tr><td colspan="7">生 产 派 工 单
单号：__________ 开单部门：______________________________ 开单人：__________
开单时间：_____年____月____日____时____分 接单人：_______部_______小组__________（签名）</td></tr>
<tr><td colspan="7">以下由开单人填写</td></tr>
<tr><td>设备名称</td><td>ER10-C10 型工业机器人</td><td>编号</td><td>001</td><td>车间名称</td><td colspan="2">工业机器人装调与维护实训基地 813</td></tr>
<tr><td>工作任务</td><td colspan="3">“国”字轨迹程序编写</td><td>完成工时</td><td colspan="2">6 个工时</td></tr>
<tr><td>技术要求</td><td colspan="6">按照 ER10-C10 型工业机器人检测技术要求，达到设备出厂合格证明书的各项几何精度标准</td></tr>
<tr><td colspan="7">以下由接单人和确认方填写</td></tr>
<tr><td>领取材料
（含消耗品）</td><td colspan="4">零部件名称、数量：</td><td rowspan="2">成本核算</td><td rowspan="2">金额合计：
仓管员（签名）
年 月 日</td></tr>
<tr><td>领用工具</td><td colspan="4"></td></tr>
<tr><td>任务实施记录</td><td colspan="4"></td><td colspan="2">操作员（签名）
年 月 日</td></tr>
<tr><td>任务验收</td><td colspan="4"></td><td colspan="2">验收人员（签名）
年 月 日</td></tr>
</table>

一、收集信息，明确任务

1. 通过分组讨论，列出要完成 ER10-C10 型工业机器人“国”字轨迹程序编写任务应收集哪些问题。

____

____

____

2. 查阅资料，摘抄绝对 \ 相对直线位移指令和到位信号确认指令的定义、工作原理和功能。

3. 通过查找网络资源，摘抄《工业机器人编程操作规程》。

二、计划与决策

1. 观看《ER10-C10 型工业机器人编程应用教学视频》，详细记录“㊖”字轨迹程序编写的步骤和注意事项，通过小组讨论方式，完善 ER10-C10 型工业机器人“㊖”字轨迹程序编写工艺过程。

ER10-C10 型工业机器人“㊖”字轨迹程序编写工艺过程

序号	工作步骤	作业内容	工具、量具及设备	安全注意事项
操作时长				

2. 学习活动小组成员工作任务安排。

序号	组员姓名	组员分工	职责	备注
1				
2				
3				
4				
5				

小提示

1. 小组学习记录需有：记录人、主持人、小组成员、组员分工及职责等要素。
2. 请用数码相机或手机记录任务实施时的关键步骤。

三、任务实施

1. 列出 ER10-C10 型工业机器人“㊉”字轨迹程序编写所需工具、量具的名称和用途。

类　型	名　称	用　途
工具		
量具		

2. 当工业机器人完成“㊟”字轨迹程序编写时，记录当前示教器的程序。

____

____

____

3. 小组讨论，回顾工业机器人“㊟”字轨迹程序编写作业过程，进一步分析和完善操作方法和技巧，并做补充。

____

____

____

四、检查控制

ER10-C10 型工业机器人“㊟”字轨迹程序编写过程检查评分表

班级：_______ 小组：_______________ 日期：____年____月____日					
序号	要求		配分	评分标准	得分
1	完成绝对\相对直线位移指令、到位信号确认指令的定义、功能认识	熟练、快速达到要求	20~25	酌情扣分	
		能完成并达到要求	12~20	酌情扣分	
		基本正确但达不到要求	12 以下	酌情扣分	
2	“㊟”字轨迹程序编写方法正确	熟练、快速完成基础操作	20~25	酌情扣分	
		能完成基础操作	12~20	酌情扣分	
		了解但完不成基础操作	12 以下	酌情扣分	
3	做好编程前的准备工作	全面完成	5~10	酌情扣分	
		基本完成	5 以下	酌情扣分	
4	能正确运用各种工具、量具进行编程	能熟练使用	10~15	酌情扣分	
		会使用但不熟练	5~10	酌情扣分	
		了解但使用方法不正确	5 以下	酌情扣分	
5	能正确在两种模式下执行当前程序	两种模式正确	10~15	酌情扣分	
		一种模式正确	5~10	酌情扣分	
		都不正确	5 以下	酌情扣分	
6	安全文明操作	较好符合要求	5~10	酌情扣分	
		有明显不符合要求	5 以下	酌情扣分	
			总分		

五、评价反馈

结果性评价表

班级：________ 姓名：____________ 学号：____________ 日期：____年____月____日

评价指标	评价标准	分值	评价依据	自评	组评	师评
纪律表现	按时上下课，着装规范	5	课堂考勤、观察			
	遵守一体化教室的使用规则	5				
知识目标	正确查找资料，写出绝对\相对直线位移指令、到位信号确认指令应用相关知识点	10	工作页			
	正确制订编程、操作计划	10				
技能目标	正确利用网络资源、教材资料查找有效信息	5	课堂表现评分表、检测评价表			
	正确使用工具、量具及耗材	5				
	以小组合作的方式完成“国”字轨迹程序编写，符合职业岗位要求	10				
情感目标	在小组讨论中能积极发言或汇报	10	课堂表现评分表、课堂观察			
	积极配合小组成员完成工作任务	10				
	具备安全意识与规范意识	10				
	具备团队协作能力	10				
	有责任心，对自己的行为负责	10				
合计						
注：总分=自评（30%）+组评（30%）+师评（40%），满分100分						

六、撰写工作总结

学习任务二

ER50-C20 型工业机器人搬运编程实训

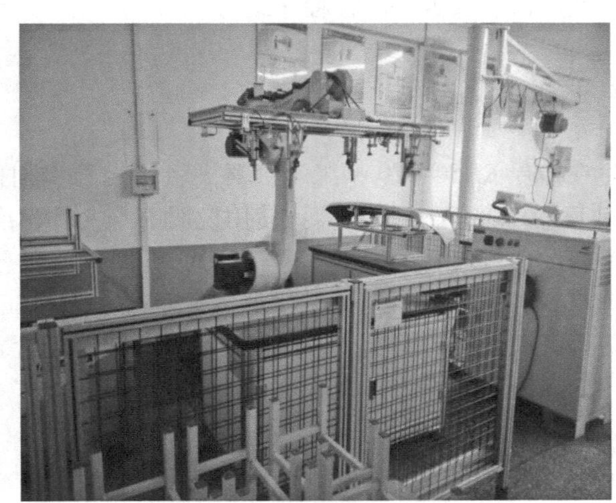

学习目标

1）了解 ER50-C20 型工业机器人基本结构和组成。
2）了解 ER50-C20 型工业机器人的安全操作规范和注意事项。
3）掌握 ER50-C20 型工业机器人开关机、校准和回零点操作。
4）掌握 ER50-C20 型工业机器人工具坐标、基坐标的标定方法。
5）了解 ER50-C20 型工业机器人示教器的按键功能。
6）能实现 ER50-C20 型工业机器人单轴的点动操作。
7）能完成 ER50-C20 型工业机器人搬运示教编程操作。
8）能完成 ER50-C20 型工业机器人搬运自动编程操作。

工作流程与活动

学习活动一　示教器认知
学习活动二　信号输出指令应用
学习活动三　抓取保险杠程序编写
学习活动四　放置保险杠程序编写

学习任务描述

学生在接受 ER50-C20 型工业机器人轨迹编程实训任务后，要做好编程前的准备工作，包括查阅 ER50-C20 型工业机器人使用说明书等文件，准备工具、量具、标识牌，并做好安全防护措施。通过观看《ER50-C20 型工业机器人编程应用教学视频》，制订详细的编写搬运程序的步骤和注意事项，完成机器人搬运编程实训工作任务。在工作过程中严格遵守用电、消防等安全规程的要求，工作完成后要按照现场管理规定清理场地、归置物品，并按照环保规定处置废油液等废弃物。

学习活动一 示教器认知

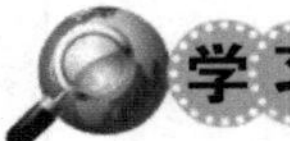

学习目标

1. 通过学习课程平台上的资源，进行任务分析，获取任务关键信息，完成工业机器人装调与维护工作页。
2. 描述示教器的含义。
3. 掌握示教器的软硬按键功能。
4. 能够利用示教器切换不同的运动方式和运行速度。
5. 能够在示教器上正确显示机器人当前坐标值。
6. 通过本次任务的学习，能提升沟通能力、团队协作能力、6S 标准执行能力。

学习地点

工业机器人装调与维护一体化学习工作站

学习资源：《机修钳工工艺学》《机修钳工技能训练》《工业机器人装调与维护工作页》《工业机器人装调与维护实习指导书》《工业机器人安装与调试》《工业机器人装调与维修》等教材，工业机器人装调与维护教学视频、教学课件及网络资源等。

学习过程

学习任务描述

情景描述：某实习工厂工业机器人装调与维护实训基地 813 新购进一台 ER50-C20 型工业机器人，维修调试人员需要在技术员的指导下对该工业机器人的示教器有根本的认知，熟练掌握操作技巧，以便将来在教学过程中指导学生进行应用和维护保养。本次工作任务是通过学习，对 ER50-C20 型工业机器人的示教器有基础认知，知道示教器是什么，有哪些按键，有什么功能，并能利用示教器对工业机器人进行简单操作。

教学准备

准备机修钳工安全操作规程，安全警示标牌，ER50-C20 型工业机器人使用说明书、生产合格证，装调所需的工具和量具及辅具，劳保用品，教材，机械部分和电气部分的维修手册等。

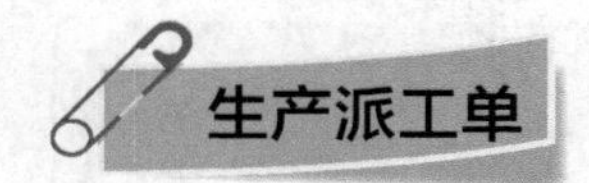

<table>
<tr><td colspan="7">生 产 派 工 单
单号：________ 开单部门：________________________ 开单人：________
开单时间：____年___月___日___时___分 接单人：______部______小组________（签名）</td></tr>
<tr><td colspan="7">以下由开单人填写</td></tr>
<tr><td>设备名称</td><td>ER50-C20 型工业机器人</td><td>编号</td><td>001</td><td>车间名称</td><td colspan="2">工业机器人装调与维护实训基地 813</td></tr>
<tr><td>工作任务</td><td colspan="2">示教器认知</td><td colspan="2">完成工时</td><td colspan="2">6 个工时</td></tr>
<tr><td>技术要求</td><td colspan="6">按照 ER50-C20 型工业机器人检测技术要求，达到设备出厂合格证明书的各项几何精度标准</td></tr>
<tr><td colspan="7">以下由接单人和确认方填写</td></tr>
<tr><td>领取材料
（含消耗品）</td><td colspan="4">零部件名称、数量：</td><td rowspan="2">成
本
核
算</td><td rowspan="2">金额合计：
仓管员（签名）
年 月 日</td></tr>
<tr><td>领用工具</td><td colspan="4"></td></tr>
<tr><td>任务实施记录</td><td colspan="4"></td><td colspan="2">操作员（签名）
年 月 日</td></tr>
<tr><td>任务验收</td><td colspan="4"></td><td colspan="2">验收人员（签名）
年 月 日</td></tr>
</table>

一、收集信息，明确任务

1. 通过分组讨论，列出要完成 ER50-C20 型工业机器人示教器认知任务应收集哪些问题。

____

____

____

____

2. 通过观看《ER50-C20 型工业机器人基础操作教学视频》，列出各软硬按键名称和功能。

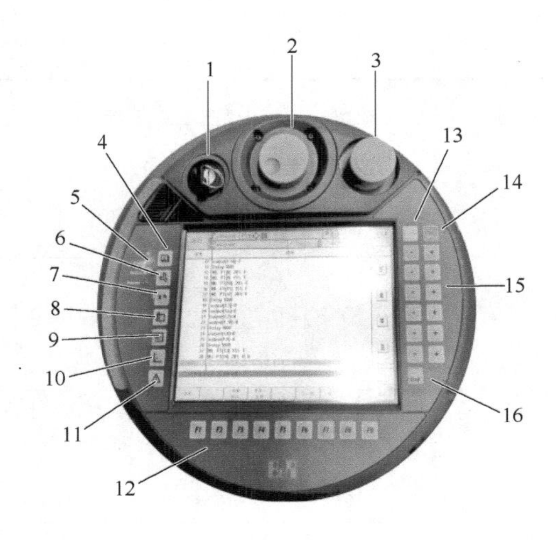

1-________________
2-________________
3-________________
4-________________
5-________________
6-________________
7-________________
8-________________
9-________________
10-________________
11-________________
12-________________
13-________________
14-________________
15-________________
16-________________

二、计划与决策

1. 观看《ER50-C20型工业机器人基础操作教学视频》，详细记录工业机器人的操作步骤和注意事项，通过小组讨论方式，完善ER50-C20型工业机器人基础操作工艺过程。

ER50-C20型工业机器人基础操作工艺过程

序号	工作步骤	作业内容	工具、量具及设备	安全注意事项
操作时长				

2. 学习活动小组成员工作任务安排。

序号	组员姓名	组员分工	职责	备注
1				
2				
3				
4				
5				

小提示

1. 小组学习记录需有：记录人、主持人、小组成员、组员分工及职责等要素。
2. 请用数码相机或手机记录任务实施时的关键步骤。

三、任务实施

1. 列出 ER50-C20 型工业机器人基础操作所需工具、量具的名称和用途。

类 型	名 称	用 途
工具		
量具		

2. 当工业机器人运动到目标点时，记录它的关节坐标值和世界坐标值。

3. 小组讨论，回顾工业机器人的操作过程，进一步分析和完善操作方法和技巧，并补充在下面。

四、检查控制

ER50-C20 型工业机器人基础操作过程检查评分表

班级：________ 小组：________________ 日期：____年____月____日

序号	要 求		配分	评分标准	得分
1	示教器软硬按键的名称、功能认知	熟练、快速达到要求	20～25	酌情扣分	
		能完成并达到要求	12～20	酌情扣分	
		基本正确但达不到要求	12 以下	酌情扣分	
2	基础操作方法正确	熟练、快速完成基础操作	20～25	酌情扣分	
		能完成基础操作	12～20	酌情扣分	
		了解但完不成基础操作	12 以下	酌情扣分	
3	做好操作前的准备工作	全面完成	5～10	酌情扣分	
		基本完成	5 以下	酌情扣分	
4	能正确运用各种工具、量具进行操作	能熟练使用	10～15	酌情扣分	
		会使用但不熟练	5～10	酌情扣分	
		了解但使用方法不正确	5 以下	酌情扣分	
5	能正确在两种坐标系下显示机器人当前坐标值	两种坐标值正确	10～15	酌情扣分	
		一种坐标值正确	5～10	酌情扣分	
		概念模糊或不正确	5 以下	酌情扣分	
6	安全文明操作	较好符合要求	5～10	酌情扣分	
		有明显不符合要求	5 以下	酌情扣分	
			总分		

五、评价反馈

结果性评价表

班级：________姓名：______________学号：______________ 日期：____年____月____日

评价指标	评价标准	分值	评价依据	自评	组评	师评
纪律表现	按时上下课，着装规范	5	课堂考勤、观察			
	遵守一体化教室的使用规则	5				
知识目标	正确查找资料，写出示教器认知相关知识点	10	工作页			
	正确制订认知、操作计划	10				
技能目标	正确利用网络资源、教材资料查找有效信息	5	课堂表现评分表、检测评价表			
	正确使用工具、量具及耗材	5				
	以小组合作的方式完成示教器认知、操作，符合职业岗位要求	10				
情感目标	在小组讨论中能积极发言或汇报	10	课堂表现评分表、课堂观察			
	积极配合小组成员完成工作任务	10				
	具备安全意识与规范意识	10				
	具备团队协作能力	10				
	有责任心，对自己的行为负责	10				
合计						
注：总分=自评（30%）+组评（30%）+师评（40%），满分100分						

六、撰写工作总结

学习活动二　信号输出指令应用

学习目标

1. 通过学习课程平台上的资源，进行任务分析，获取任务关键信息，完成工业机器人装调与维护工作页。
2. 描述信号输出指令的含义。
3. 掌握信号输出指令的原理、功能。
4. 能够利用示教器正确编写信号输出指令程序。
5. 能够在手动模式下单步执行所编写的指令程序。
6. 能够在自动模式下连续执行所编写的指令程序。

学习地点

工业机器人装调与维护一体化学习工作站

学习资源：《机修钳工工艺学》《机修钳工技能训练》《工业机器人装调与维护工作页》《工业机器人装调与维护实习指导书》《工业机器人安装与调试》《工业机器人装调与维修》等教材，工业机器人装调与维护教学视频、教学课件及网络资源等。

学习过程

学习任务描述

情景描述：某实习工厂工业机器人装调与维护实训基地 813 新购进一台 ER50-C20 型工业机器人，维修调试人员需要在技术员的指导下，熟练掌握编程技巧，以便将来在教学过程中指导学生进行应用和维护保养。本次工作任务是通过学习，对信号输出指令有基础认知，知道信号输出指令是什么，基于什么工作原理，有什么功能，并能利用示教器正确编写信号输出指令程序。

教学准备

准备机修钳工安全操作规程，安全警示标牌，ER50-C20 型工业机器人使用说明书、生产合格证，装调所需的工具和量具及辅具，劳保用品，教材，机械部分和电气部分的维修手册等。

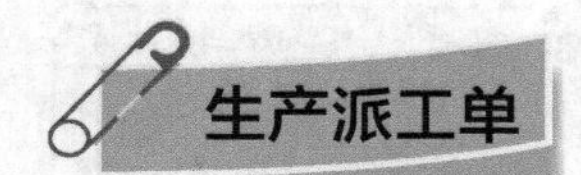

<table>
<tr><td colspan="6">生 产 派 工 单
单号：________ 开单部门：____________________ 开单人：________
开单时间：____年___月___日___时___分 接单人：______部______小组________（签名）</td></tr>
<tr><td colspan="6">以下由开单人填写</td></tr>
<tr><td>设备名称</td><td>ER50-C20 型工业机器人</td><td>编号</td><td>001</td><td>车间名称</td><td>工业机器人装调与维护实训基地 813</td></tr>
<tr><td>工作任务</td><td colspan="2">信号输出指令应用</td><td colspan="2">完成工时</td><td>6 个工时</td></tr>
<tr><td>技术要求</td><td colspan="5">按照 ER50-C20 型工业机器人检测技术要求，达到设备出厂合格证明书的各项几何精度标准</td></tr>
<tr><td colspan="6">以下由接单人和确认方填写</td></tr>
<tr><td>领取材料
（含消耗品）</td><td colspan="3">零部件名称、数量：</td><td rowspan="2">成
本
核
算</td><td rowspan="2">金额合计：
仓管员（签名）
年 月 日</td></tr>
<tr><td>领用工具</td><td colspan="3"></td></tr>
<tr><td>任务实施记录</td><td colspan="3"></td><td colspan="2">操作员（签名）
年 月 日</td></tr>
<tr><td>任务验收</td><td colspan="3"></td><td colspan="2">验收人员（签名）
年 月 日</td></tr>
</table>

一、收集信息，明确任务

1. 通过分组讨论，列出要完成 ER50-C20 型工业机器人信号输出指令应用任务应收集哪些问题。

____

____

____

2. 查阅资料，摘抄信号输出指令的定义、工作原理和功能。

3. 通过查找网络资源，摘抄《工业机器人编程操作规程》。

二、计划与决策

1. 观看《ER50-C20 型工业机器人编程应用教学视频》，详细记录信号输出指令编程的步骤和注意事项，通过小组讨论方式，完善 ER50-C20 型工业机器人信号输出指令编程工艺过程。

ER50-C20 型工业机器人信号输出指令编程工艺过程

序号	工作步骤	作业内容	工具、量具及设备	安全注意事项
操作时长				

2. 学习活动小组成员工作任务安排。

序号	组员姓名	组员分工	职责	备注
1				
2				
3				
4				
5				

小提示

1. 小组学习记录需有：记录人、主持人、小组成员、组员分工及职责等要素。
2. 请用数码相机或手机记录任务实施时的关键步骤。

三、任务实施

1. 列出 ER50-C20 型工业机器人信号输出指令编程所需的工具、量具的名称和用途。

类　型	名　称	用　途
工具		
量具		

2. 当工业机器人完成四个手爪开闭、四个吸盘吸合动作时，记录当前信号输出指令的程序。

____

____

____

3. 小组讨论，回顾工业机器人信号输出指令编程作业过程，进一步分析和完善操作方法和技巧，并做补充。

____

____

____

____

四、检查控制

ER50-C20型工业机器人信号输出指令编程过程检查评分表

班级：________ 小组：__________________ 日期：____年____月____日

序号	要求		配分	评分标准	得分
1	信号输出指令的定义、功能认知	熟练、快速达到要求	20~25	酌情扣分	
		能完成并达到要求	12~20	酌情扣分	
		基本正确但达不到要求	12以下	酌情扣分	
2	信号输出指令编程方法正确	熟练、快速完成基础操作	20~25	酌情扣分	
		能完成基础操作	12~20	酌情扣分	
		了解但完不成基础操作	12以下	酌情扣分	
3	做好编程前的准备工作	全面完成	5~10	酌情扣分	
		基本完成	5以下	酌情扣分	
4	能正确运用各种工具、量具进行编程	能熟练使用	10~15	酌情扣分	
		会使用但不熟练	5~10	酌情扣分	
		了解但使用方法不正确	5以下	酌情扣分	
5	能正确在两种模式下执行当前程序	两种模式正确	10~15	酌情扣分	
		一种模式正确	5~10	酌情扣分	
		都不正确	5以下	酌情扣分	
6	安全文明操作	较好符合要求	5~10	酌情扣分	
		有明显不符合要求	5以下	酌情扣分	
			总分		

五、评价反馈

结果性评价表

班级：________姓名：______________学号：______________ 日期：____年____月____日

评价指标	评 价 标 准	分值	评价依据	自评	组评	师评
纪律表现	按时上下课，着装规范	5	课堂考勤、观察			
	遵守一体化教室的使用规则	5				
知识目标	正确查找资料，写出信号输出指令应用的相关知识点	10	工作页			
	正确制订编程、操作计划	10				
技能目标	正确利用网络资源、教材资料查找有效信息	5	课堂表现评分表、检测评价表			
	正确使用工具、量具及耗材	5				
	以小组合作的方式完成信号输出指令编程，符合职业岗位要求	10				
情感目标	在小组讨论中能积极发言或汇报	10	课堂表现评分表、课堂观察			
	积极配合小组成员完成工作任务	10				
	具备安全意识与规范意识	10				
	具备团队协作能力	10				
	有责任心，对自己的行为负责	10				
合计						
注：总分=自评(30%)+组评(30%)+师评(40%)，满分100分						

六、撰写工作总结

____

____

____

____

____

____

____

____

学习活动三　抓取保险杠程序编写

学习目标

1. 通过学习课程平台上的资源，进行任务分析，获取任务关键信息，完成工业机器人装调与维护工作页。
2. 描述基础操作指令的含义。
3. 掌握基础操作指令的原理、功能。
4. 能够利用示教器正确编写抓取保险杠程序。
5. 能够在手动模式下单步执行所编写的指令程序。
6. 能够在自动模式下连续执行所编写的指令程序。

学习地点

工业机器人装调与维护一体化学习工作站

学习资源：《机修钳工工艺学》《机修钳工技能训练》《工业机器人装调与维护工作页》《工业机器人装调与维护实习指导书》《工业机器人安装与调试》《工业机器人装调与维修》等教材，工业机器人装调与维护教学视频、教学课件及网络资源等。

学习过程

学习任务描述

情景描述：某实习工厂工业机器人装调与维护实训基地 813 新购进一台 ER50-C20 型工业机器人，维修调试人员需要在技术员的指导下，熟练掌握编程技巧，以便将来在教学过程中指导学生进行应用和维护保养。本次工作任务是通过学习，对基础操作指令有基础认知，知道基础操作指令是什么，基于什么工作原理，有什么功能，并能利用示教器正确编写抓取保险杠程序。

教学准备

准备机修钳工安全操作规程，安全警示标牌，ER50-C20 型工业机器人使用说明书、生产合格证，装调所需的工具和量具及辅具，劳保用品，教材，机械部分和电气部分的维修手册等。

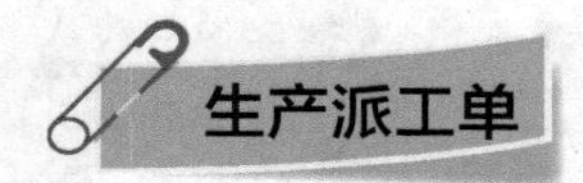

<table>
<tr><td colspan="8">生 产 派 工 单
单号：________ 开单部门：______________________ 开单人：________
开单时间：____年___月___日___时___分 接单人：______部______小组__________（签名）</td></tr>
<tr><td colspan="8">以下由开单人填写</td></tr>
<tr><td>设备名称</td><td colspan="2">ER50-C20 型工业机器人</td><td>编号</td><td>001</td><td>车间名称</td><td colspan="2">工业机器人装调与维护实训基地 813</td></tr>
<tr><td>工作任务</td><td colspan="3">抓取保险杠程序编写</td><td colspan="2">完成工时</td><td colspan="2">6 个工时</td></tr>
<tr><td>技术要求</td><td colspan="7">按照 ER50-C20 型工业机器人检测技术要求，达到设备出厂合格证明书的各项几何精度标准</td></tr>
<tr><td colspan="8">以下由接单人和确认方填写</td></tr>
<tr><td>领取材料
（含消耗品）</td><td colspan="5">零部件名称、数量：</td><td rowspan="2">成
本
核
算</td><td rowspan="2">金额合计：
仓管员（签名）
年 月 日</td></tr>
<tr><td>领用工具</td><td colspan="5"></td></tr>
<tr><td>任务实施记录</td><td colspan="5"></td><td colspan="2">操作员（签名）
年 月 日</td></tr>
<tr><td>任务验收</td><td colspan="5"></td><td colspan="2">验收人员（签名）
年 月 日</td></tr>
</table>

一、收集信息，明确任务

1. 通过分组讨论，列出要完成 ER50-C20 型工业机器人抓取保险杠程序编写任务应收集哪些问题。

____

____

____

2. 查阅资料，摘抄基础操作指令的定义、工作原理和功能。

3. 通过查找网络资源，摘抄《工业机器人编程操作规程》。

二、计划与决策

1. 观看《ER50-C20 型工业机器人编程应用教学视频》，详细记录抓取保险杠程序编写的步骤和注意事项，通过小组讨论方式，完善 ER50-C20 型工业机器人抓取保险杠程序编写工艺过程。

ER50-C20 型工业机器人抓取保险杠程序编写工艺过程

序号	工作步骤	作业内容	工具、量具及设备	安全注意事项
操作时长				

2. 学习活动小组成员工作任务安排。

序号	组员姓名	组员分工	职责	备注
1				
2				
3				
4				
5				

小提示

1. 小组学习记录需有：记录人、主持人、小组成员、组员分工及职责等要素。
2. 请用数码相机或手机记录任务实施时的关键步骤。

三、任务实施

1. 列出 ER50-C20 型工业机器人抓取保险杠程序编写所需的工具、量具的名称和用途。

类　型	名　称	用　途
工具		
量具		

2. 当工业机器人完成抓取保险杠程序编写时，记录当前示教器的程序。

3. 小组讨论，回顾工业机器人抓取保险杠程序编写的作业过程，进一步分析和完善操作方法和技巧，并做补充。

四、检查控制

ER50-C20 型工业机器人抓取保险杠程序编写过程检查评分表

班级：________　小组：__________________　日期：____年____月____日

序号	要求		配分	评分标准	得分
1	完成基础操作指令的定义、功能认知	熟练、快速达到要求	20~25	酌情扣分	
		能完成并达到要求	12~20	酌情扣分	
		基本正确但达不到要求	12 以下	酌情扣分	
2	抓取保险杠程序编写方法正确	熟练、快速完成基础操作	20~25	酌情扣分	
		能完成基础操作	12~20	酌情扣分	
		了解但完不成基础操作	12 以下	酌情扣分	
3	做好编程前的准备工作	全面完成	5~10	酌情扣分	
		基本完成	5 以下	酌情扣分	
4	能正确运用各种工具、量具进行编程	能熟练使用	10~15	酌情扣分	
		会使用但不熟练	5~10	酌情扣分	
		了解但使用方法不正确	5 以下	酌情扣分	
5	能正确在两种模式下执行当前程序	两种模式正确	10~15	酌情扣分	
		一种模式正确	5~10	酌情扣分	
		都不正确	5 以下	酌情扣分	
6	安全文明操作	较好符合要求	5~10	酌情扣分	
		有明显不符合要求	5 以下	酌情扣分	
			总分		

五、评价反馈

结果性评价表

<table>
<tr><td colspan="7">班级：________ 姓名：____________ 学号：____________ 日期：____年____月____日</td></tr>
<tr><td>评价指标</td><td>评 价 标 准</td><td>分值</td><td>评价依据</td><td>自评</td><td>组评</td><td>师评</td></tr>
<tr><td rowspan="2">纪律表现</td><td>按时上下课，着装规范</td><td>5</td><td rowspan="2">课堂考勤、观察</td><td></td><td></td><td></td></tr>
<tr><td>遵守一体化教室的使用规则</td><td>5</td><td></td><td></td><td></td></tr>
<tr><td rowspan="2">知识目标</td><td>正确查找资料，写出基础操作指令应用的相关知识点</td><td>10</td><td rowspan="2">工作页</td><td></td><td></td><td></td></tr>
<tr><td>正确制订编程、操作计划</td><td>10</td><td></td><td></td><td></td></tr>
<tr><td rowspan="3">技能目标</td><td>正确利用网络资源、教材资料查找有效信息</td><td>5</td><td rowspan="3">课堂表现评分表、检测评价表</td><td></td><td></td><td></td></tr>
<tr><td>正确使用工具、量具及耗材</td><td>5</td><td></td><td></td><td></td></tr>
<tr><td>以小组合作的方式完成抓取保险杠程序编写，符合职业岗位要求</td><td>10</td><td></td><td></td><td></td></tr>
<tr><td rowspan="5">情感目标</td><td>在小组讨论中能积极发言或汇报</td><td>10</td><td rowspan="5">课堂表现评分表、课堂观察</td><td></td><td></td><td></td></tr>
<tr><td>积极配合小组成员完成工作任务</td><td>10</td><td></td><td></td><td></td></tr>
<tr><td>具备安全意识与规范意识</td><td>10</td><td></td><td></td><td></td></tr>
<tr><td>具备团队协作能力</td><td>10</td><td></td><td></td><td></td></tr>
<tr><td>有责任心，对自己的行为负责</td><td>10</td><td></td><td></td><td></td></tr>
<tr><td>合计</td><td colspan="6"></td></tr>
<tr><td colspan="7">注：总分=自评(30%)+组评(30%)+师评(40%)，满分100分</td></tr>
</table>

六、撰写工作总结

学习活动四 放置保险杠程序编写

1. 通过学习课程平台上的资源，进行任务分析，获取任务关键信息，完成工业机器人装调与维护工作页。
2. 描述基础操作指令的含义。
3. 掌握基础操作指令的原理、功能。
4. 能够利用示教器正确编写放置保险杠程序。
5. 能够在手动模式下单步执行所编写的指令程序。
6. 能够在自动模式下连续执行所编写的指令程序。

学习地点

工业机器人装调与维护一体化学习工作站

学习资源：《机修钳工工艺学》《机修钳工技能训练》《工业机器人装调与维护工作页》《工业机器人装调与维护实习指导书》《工业机器人安装与调试》《工业机器人装调与维修》等教材，工业机器人装调与维护教学视频、教学课件及网络资源等。

学习过程

学习任务描述

情景描述：某实习工厂工业机器人装调与维护实训基地 813 新购进一台 ER50-C20 型工业机器人，维修调试人员需要在技术员的指导下，熟练掌握编程技巧，以便将来在教学过程中指导学生进行应用和维护保养。本次工作任务是通过学习，对基础操作指令有基础认知，知道基础操作指令是什么，基于什么工作原理，有什么功能，并能利用示教器正确编写放置保险杠程序。

教学准备

准备机修钳工安全操作规程，安全警示标牌，ER50-C20 型工业机器人使用说明书、生产合格证，装调所需的工具和量具及辅具，劳保用品，教材，机械部分和电气部分的维修手册等。

<table>
<tr><td colspan="6">生产派工单
单号：______ 开单部门：____________________ 开单人：______
开单时间：____年___月___日___时___分 接单人：______部______小组________（签名）</td></tr>
<tr><td colspan="6">以下由开单人填写</td></tr>
<tr><td>设备名称</td><td>ER50-C20 型工业机器人</td><td>编号</td><td>001</td><td>车间名称</td><td>工业机器人装调与维护实训基地 813</td></tr>
<tr><td>工作任务</td><td colspan="2">放置保险杠程序编写</td><td colspan="2">完成工时</td><td>6 个工时</td></tr>
<tr><td>技术要求</td><td colspan="5">按照 ER50-C20 型工业机器人检测技术要求，达到设备出厂合格证明书的各项几何精度标准</td></tr>
<tr><td colspan="6">以下由接单人和确认方填写</td></tr>
<tr><td>领取材料
（含消耗品）</td><td colspan="3">零部件名称、数量：</td><td rowspan="2">成本核算</td><td rowspan="2">金额合计：
仓管员（签名）
年 月 日</td></tr>
<tr><td>领用工具</td><td colspan="3"></td></tr>
<tr><td>任务实施记录</td><td colspan="3"></td><td colspan="2">操作员（签名）
年 月 日</td></tr>
<tr><td>任务验收</td><td colspan="3"></td><td colspan="2">验收人员（签名）
年 月 日</td></tr>
</table>

一、收集信息，明确任务

1. 通过分组讨论，列出要完成 ER50-C20 型工业机器人放置保险杠程序编写任务应收集哪些问题。

____

____

____

2. 查阅资料，摘抄基础操作指令的定义、工作原理和功能。

3. 通过查找网络资源，摘抄《工业机器人编程操作规程》。

二、计划与决策

1. 观看《ER50-C20 型工业机器人编程应用教学视频》，详细记录放置保险杠程序编写的步骤和注意事项，通过小组讨论方式，完善 ER50-C20 型工业机器人放置保险杠程序编写工艺过程。

ER50-C20 型工业机器人放置保险杠程序编写工艺过程

序号	工作步骤	作业内容	工具、量具及设备	安全注意事项
操作时长				

2. 学习活动小组成员工作任务安排。

序号	组员姓名	组员分工	职责	备注
1				
2				
3				
4				
5				

小提示

1. 小组学习记录需有：记录人、主持人、小组成员、组员分工及职责等要素。
2. 请用数码相机或手机记录任务实施时的关键步骤。

三、任务实施

1. 列出 ER50-C20 型工业机器人放置保险杠程序编写所需的工具、量具的名称和用途。

类　型	名　称	用　途
工具		
量具		

2. 当工业机器人完成放置保险杠程序编写时，记录当前示教器的程序。

3. 小组讨论，回顾工业机器人放置保险杠程序编写的作业过程，进一步分析和完善操作方法和技巧，并做补充。

四、检查控制

ER50-C20型工业机器人放置保险杠程序编写过程检查评分表

班级：________ 小组：____________________ 日期：____年____月____日					
序号	要　　求		配分	评分标准	得分
1	完成基础操作指令的定义、功能认知	熟练、快速达到要求	20~25	酌情扣分	
		能完成并达到要求	12~20	酌情扣分	
		基本正确但达不到要求	12以下	酌情扣分	
2	放置保险杠程序编写方法正确	熟练、快速完成基础操作	20~25	酌情扣分	
		能完成基础操作	12~20	酌情扣分	
		了解但完不成基础操作	12以下	酌情扣分	
3	做好编程前的准备工作	全面完成	5~10	酌情扣分	
		基本完成	5以下	酌情扣分	
4	能正确运用各种工具、量具进行编程	能熟练使用	10~15	酌情扣分	
		会使用但不熟练	5~10	酌情扣分	
		了解但使用方法不正确	5以下	酌情扣分	
5	能正确在两种模式下执行当前程序	两种模式正确	10~15	酌情扣分	
		一种模式正确	5~10	酌情扣分	
		都不正确	5以下	酌情扣分	
6	安全文明操作	较好符合要求	5~10	酌情扣分	
		有明显不符合要求	5以下	酌情扣分	
			总分		

五、评价反馈

结果性评价表

班级：________姓名：______________学号：____________ 日期：____年___月___日

评价指标	评 价 标 准	分值	评价依据	自评	组评	师评
纪律表现	按时上下课，着装规范	5	课堂考勤、观察			
	遵守一体化教室的使用规则	5				
知识目标	正确查找资料，写出基础操作指令应用相关知识点	10	工作页			
	正确制订编程、操作计划	10				
技能目标	正确利用网络资源、教材资料查找有效信息	5	课堂表现评分表、检测评价表			
	正确使用工具、量具及耗材	5				
	以小组合作的方式完成放置保险杠程序编写，符合职业岗位要求	10				
情感目标	在小组讨论中能积极发言或汇报	10	课堂表现评分表、课堂观察			
	积极配合小组成员完成工作任务	10				
	具备安全意识与规范意识	10				
	具备团队协作能力	10				
	有责任心，对自己的行为负责	10				
合计						
注：总分=自评(30%)+组评(30%)+师评(40%)，满分100分						

六、撰写工作总结

学习任务三

HSR-612型工业机器人机械拆装实训

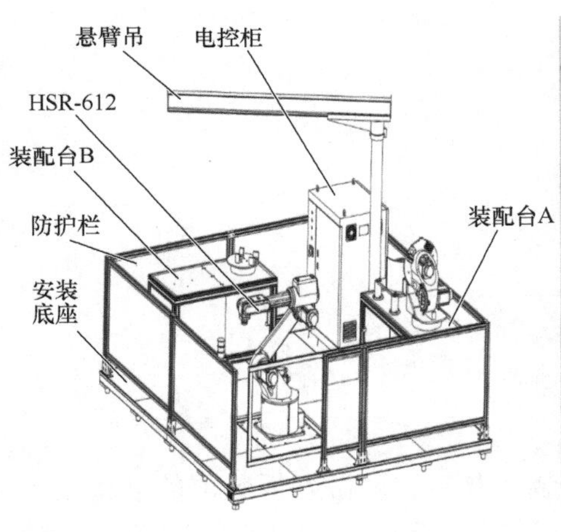

学习目标

1）掌握 HSR-612 型工业机器人的机械结构。

2）了解 HSR-612 型工业机器人的安全操作规范和注意事项。

3）了解 HSR-612 型示教器的按键功能。

4）掌握 HSR-612 型工业机器人基本操作。

5）了解 HSR-612 型工业机器人拆卸及装配工艺。

6）了解 HSR-612 型工业机器人关键零部件及基本结构形式。

7）完成工业机器人拆装仿真软件的学习，掌握工业机器人各部分拆装顺序和拆装要点。

工作流程与活动

学习活动一　拆装作业防护准备

学习活动二　机器人线束拆除

学习活动三　机器人排油

学习活动四　J6 轴的拆装

学习活动五　J5 轴的拆装

学习活动六　J4 轴的拆装

学习活动七　J3 轴的拆装

学习活动八　J2 轴的拆装

学习活动九　J1 轴的拆装

学习活动十　机器人整机调试

学习任务描述

学生在接受 HSR-612 型工业机器人机械拆装任务后，要做好拆装前的准备工作，包括准备各轴的装配图等文件，准备工具、量具、清洗剂、标识牌，并做好安全防护措施。通过利用工业机器人机械装调维修虚拟仿真实训与考评系统，确定拆卸顺序，完成各轴的拆卸。拆卸过程中要注意清理、清洗、规范放置各零部件，使用合理的检测方法正确检验易损件，判断并更换失效零部件，最后根据装配工艺要求完成装配工作，检验各轴的功能，自检合格后填写任务单，并提交质检人员检验。在工作过程中严格遵守起吊、搬运、用电、消防等安全规程的要求，工作完成后按照现场管理规定清理场地、归置物品，并按照环保规定处置废油液等废弃物。

学习活动一 拆装作业防护准备

学习目标

1. 通过学习课程平台上的资源，进行任务分析，获取任务关键信息，完成工业机器人装调与维护工作页。
2. 描述拆装防护装备和工具的含义。
3. 掌握拆装防护装备和工具的原理、功能。
4. 能够利用工业机器人机械装调维修虚拟仿真实训与考评系统认识防护装备。
5. 能够利用工业机器人机械装调维修虚拟仿真实训与考评系统认识拆装工具。

学习地点

工业机器人装调与维护一体化学习工作站

学习资源：《机修钳工工艺学》《机修钳工技能训练》《工业机器人装调与维护工作页》《工业机器人装调与维护实习指导书》《工业机器人安装与调试》《工业机器人装调与维修》等教材，工业机器人装调与维护教学视频、教学课件及网络资源等。

学习过程

学习任务描述

情景描述：我校实习工厂工业机器人装调与维护实训基地 813 新购进一台华数 HSR-612 型机器人，维修调试人员需要在工业机器人机械装调维修虚拟仿真实训与考评系统的协助下，熟练掌握装调与维护技巧，以便将来在教学过程中指导学生进行拆装和维护保养。本次工作任务是通过学习，掌握对拆装防护装备及工具的认知，知道拆装防护装备及工具是什么，有什么功能。能够利用工业机器人机械装调维修虚拟仿真实训与考评系统认识防护装备及工具。

教学准备

准备机修钳工安全操作规程，安全警示标牌，华数 HSR-612 型机器人使用说明书、生产合格证，装调所需的工具和量具及辅具，劳保用品，教材，机械部分和电气部分的维修手册等。

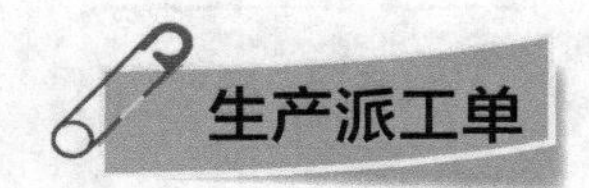

<table>
<tr><td colspan="6">生 产 派 工 单
单号：________ 开单部门：____________________ 开单人：________
开单时间：____年___月___日___时___分 接单人：______部______小组________（签名）</td></tr>
<tr><td colspan="6">以下由开单人填写</td></tr>
<tr><td>设备名称</td><td>HSR-612 型工业机器人</td><td>编号</td><td>001</td><td>车间名称</td><td>工业机器人装调与维护实训基地 813</td></tr>
<tr><td>工作任务</td><td colspan="2">拆装作业防护准备</td><td colspan="2">完成工时</td><td>6 个工时</td></tr>
<tr><td>技术要求</td><td colspan="5">按照 HSR-612 型工业机器人检测技术要求，达到设备出厂合格证明书的各项几何精度标准</td></tr>
<tr><td colspan="6">以下由接单人和确认方填写</td></tr>
<tr><td>领取材料
（含消耗品）</td><td colspan="3">零部件名称、数量：</td><td rowspan="2">成本核算</td><td rowspan="2">金额合计：
仓管员（签名）
年 月 日</td></tr>
<tr><td>领用工具</td><td colspan="3"></td></tr>
<tr><td>任务实施记录</td><td colspan="3"></td><td colspan="2">操作员（签名）
年 月 日</td></tr>
<tr><td>任务验收</td><td colspan="3"></td><td colspan="2">验收人员（签名）
年 月 日</td></tr>
</table>

一、收集信息，明确任务

1. 通过分组讨论，列出要完成华数 HSR-612 型工业机器人防护装备及工具认知任务应收集哪些问题。

____

____

____

2. 查阅资料，识别劳保防护用品的名称、功能。

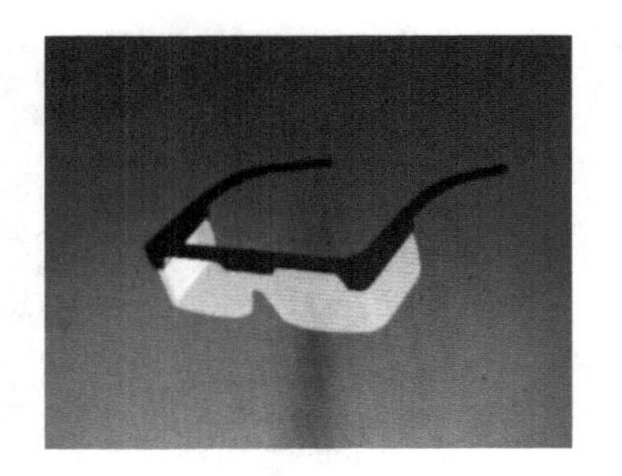

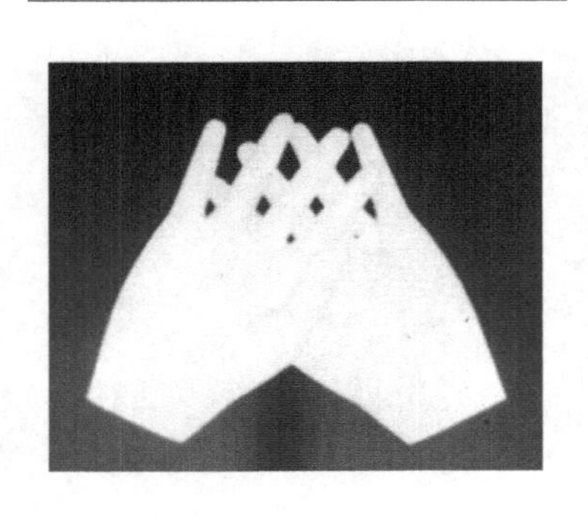

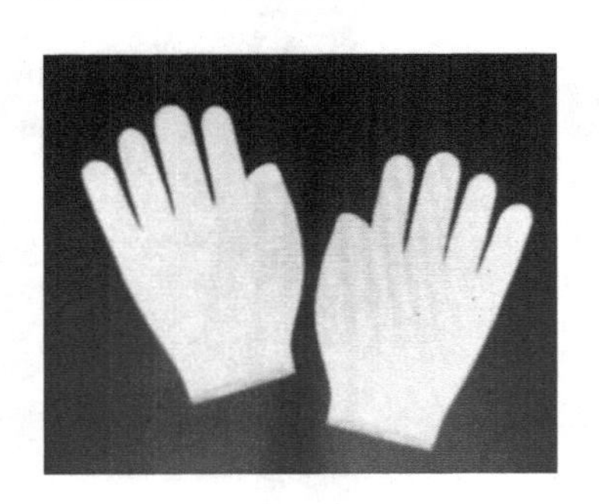

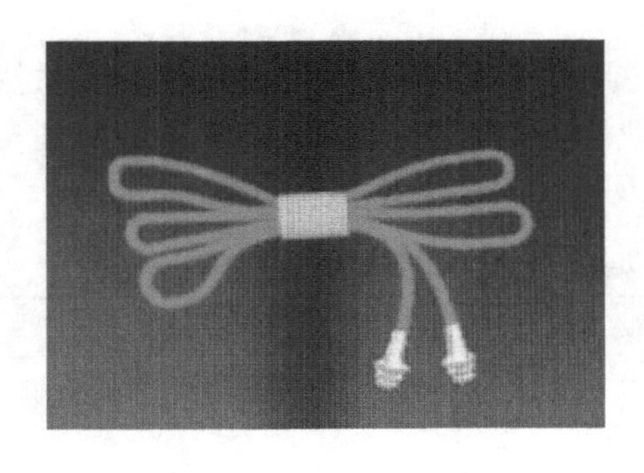

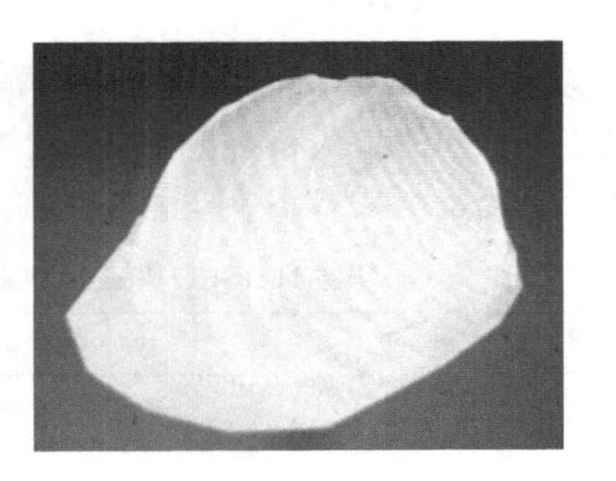

3. 通过小组讨论学习，将拆装工具和名称用线连起来。

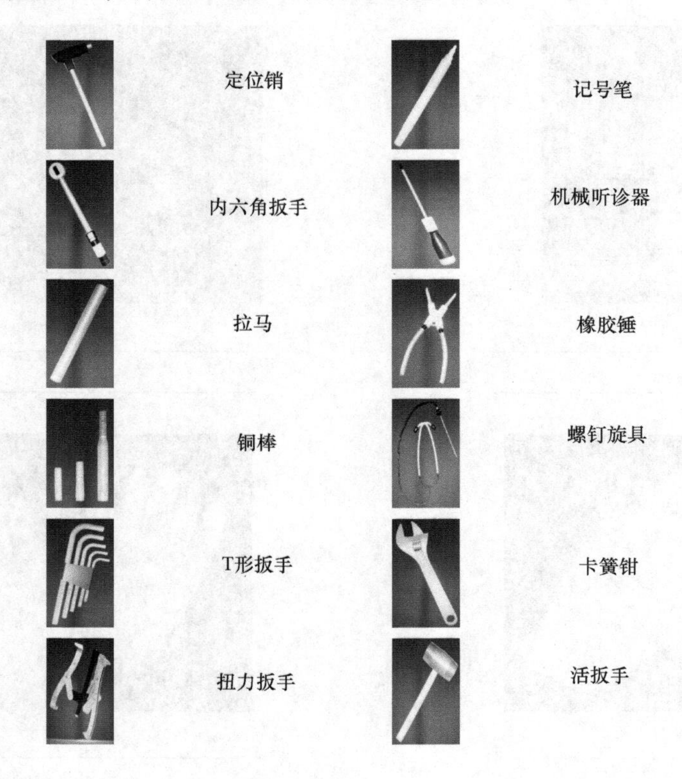

二、计划与决策

1. 观看《华数 HSR-612 型工业机器人仿真软件应用教学视频》，详细记录机器人防护装备及工具认知的步骤和注意事项，利用在线操作工业机器人机械装调维修虚拟仿真实训与考评系统，完善华数 HSR-612 型工业机器人防护装备及工具认知任务工艺过程。

华数 HSR-612 型工业机器人防护装备及工具认知任务工艺过程

序号	工作步骤	作业内容	工具、量具及设备	安全注意事项

（续）

序号	工作步骤	作业内容	工具、量具及设备	安全注意事项
操作时长				

2. 学习活动小组成员工作任务安排。

序号	组员姓名	组员分工	职责	备注
1				
2				
3				
4				
5				

小提示

1. 小组学习记录需有：记录人、主持人、小组成员、组员分工及职责等要素。
2. 请用数码相机或手机记录任务实施时的关键步骤。

三、任务实施

1. 列出华数 HSR-612 型工业机器人防护装备及工具认知所需的工具、量具的名称和用途。

类　型	名　称	用　途
工具		
量具		

2. 当完成工业机器人防护装备及工具认知时，记录实际的认知过程。

3. 小组讨论，回顾工业机器人防护装备及工具认知作业过程，进一步分析和完善操作方法和技巧，并做补充。

四、检查控制

华数 HSR-612 型工业机器人防护装备及工具认知过程检查评分表

班级：________ 小组：________________ 日期：____年____月____日

序号	要求		配分	评分标准	得分
1	完成防护装备及工具的定义、功能认知	熟练、快速达到要求	20~25	酌情扣分	
		能完成并达到要求	12~20	酌情扣分	
		基本正确但达不到要求	12 以下	酌情扣分	
2	能够熟练操作工业机器人机械装调维修虚拟仿真实训与考评系统	熟练、快速完成基础操作	20~25	酌情扣分	
		能完成基础操作	12~20	酌情扣分	
		了解但完不成基础操作	12 以下	酌情扣分	
3	做好认知前的准备工作	全面完成	5~10	酌情扣分	
		基本完成	5 以下	酌情扣分	
4	能正确运用各种工具、量具进行认知	能熟练使用	10~15	酌情扣分	
		会使用但不熟练	5~10	酌情扣分	
		了解但使用方法不正确	5 以下	酌情扣分	
5	能正确识别防护装备和工具	全部正确	10~15	酌情扣分	
		一半以上正确	5~10	酌情扣分	
		一半以下正确	5 以下	酌情扣分	
6	安全文明操作	较好符合要求	5~10	酌情扣分	
		有明显不符合要求	5 以下	酌情扣分	
			总分		

五、评价反馈

结果性评价表

班级：________姓名：______________学号：______________ 日期：____年____月____日

评价指标	评价标准	分值	评价依据	自评	组评	师评
纪律表现	按时上下课，着装规范	5	课堂考勤、观察			
	遵守一体化教室的使用规则	5				
知识目标	正确查找资料，写出防护装备及工具认知相关知识点	10	工作页			
	正确制订认知计划	10				
技能目标	正确利用网络资源、教材资料查找有效信息	5	课堂表现评分表、检测评价表			
	正确使用工具、量具及耗材	5				
	以小组合作的方式完成防护装备及工具认知，符合职业岗位要求	10				
情感目标	在小组讨论中能积极发言或汇报	10	课堂表现评分表、课堂观察			
	积极配合小组成员完成工作任务	10				
	具备安全意识与规范意识	10				
	具备团队协作能力	10				
	有责任心，对自己的行为负责	10				
合计						
注：总分=自评(30%)+组评(30%)+师评(40%)，满分100分						

六、撰写工作总结

学习活动二 机器人线束拆除

学习目标

1. 通过学习课程平台上的资源，进行任务分析，获取任务关键信息，完成工业机器人装调与维护工作页。
2. 描述编码线、动力线的含义。
3. 掌握编码线、动力线的原理、功能。
4. 能够用工业机器人机械装调维修虚拟仿真实训与考评系统制订线束拆除计划。
5. 能够熟练操作工业机器人机械装调维修虚拟仿真实训与考评系统拆除线束。
6. 能够正确完成工业机器人本体的线束拆除。

学习地点

工业机器人装调与维护一体化学习工作站

学习资源：《机修钳工工艺学》《机修钳工技能训练》《工业机器人装调与维护工作页》《工业机器人装调与维护实习指导书》《工业机器人安装与调试》《工业机器人装调与维修》等教材，工业机器人装调与维护教学视频、教学课件及网络资源等。

学习过程

学习任务描述

情景描述：某实习工厂工业机器人装调与维护实训基地 813 新购进一台华数 HSR-612 型机器人，维修调试人员需要在工业机器人机械装调维修虚拟仿真实训与考评系统的协助下，熟练掌握装调与维护技巧，以便将来在教学过程中指导学生进行拆装和维护保养。本次工作任务是通过学习，掌握对机器人线束的认知，知道机器人线束是什么，有什么功能。能够利用工业机器人机械装调维修虚拟仿真实训与考评系统制订线束拆除计划，并能够正确完成工业机器人本体的线束拆除。

教学准备

准备机修钳工安全操作规程，安全警示标牌，华数 HSR-612 型机器人使用说明书、生产合格证，装调所需的工具和量具及辅具，劳保用品，教材，机械部分和电气部分的维修手册等。

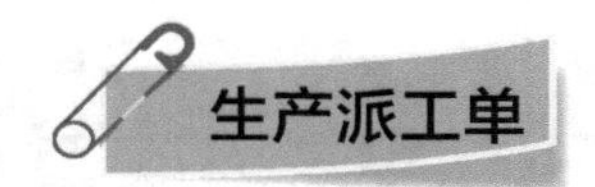

<table>
<tr><td colspan="8">生 产 派 工 单
单号：________ 开单部门：____________________ 开单人：________
开单时间：____年____月____日____时____分 接单人：______部______小组________（签名）</td></tr>
<tr><td colspan="8">以下由开单人填写</td></tr>
<tr><td>设备名称</td><td colspan="2">HSR-612 型工业机器人</td><td>编号</td><td>001</td><td>车间名称</td><td colspan="2">工业机器人装调与维护实训基地 813</td></tr>
<tr><td>工作任务</td><td colspan="3">机器人线束拆除</td><td colspan="2">完成工时</td><td colspan="2">6 个工时</td></tr>
<tr><td>技术要求</td><td colspan="7">按照 HSR-612 型工业机器人检测技术要求，达到设备出厂合格证明书的各项几何精度标准</td></tr>
<tr><td colspan="8">以下由接单人和确认方填写</td></tr>
<tr><td>领取材料
（含消耗品）</td><td colspan="4">零部件名称、数量：</td><td rowspan="2">成
本
核
算</td><td colspan="2" rowspan="2">金额合计：
仓管员（签名）
年　月　日</td></tr>
<tr><td>领用工具</td><td colspan="4"></td></tr>
<tr><td>任务实施记录</td><td colspan="4"></td><td colspan="3">操作员（签名）
年　月　日</td></tr>
<tr><td>任务验收</td><td colspan="4"></td><td colspan="3">验收人员（签名）
年　月　日</td></tr>
</table>

一、收集信息，明确任务

1. 通过分组讨论，列出要完成华数 HSR-612 型工业机器人线束拆除任务应收集哪些问题。

____

____

____

2. 查阅资料，摘抄编码线、动力线的定义、工作原理和功能。

3. 通过查找网络资源，摘抄《工业机器人机械拆装安全操作规程》。

二、计划与决策

1. 观看《华数 HSR-612 型工业机器人仿真软件应用教学视频》，详细记录机器人线束拆除的步骤和注意事项。利用在线操作工业机器人机械装调维修虚拟仿真实训与考评系统，完善华数 HSR-612 型工业机器人线束拆除任务工艺过程。

华数 HSR-612 型工业机器人线束拆除任务工艺过程

序号	工作步骤	作业内容	工具、量具及设备	安全注意事项
操作时长				

2. 学习活动小组成员工作任务安排。

序号	组员姓名	组员分工	职责	备注
1				
2				
3				
4				
5				

小提示

1. 小组学习记录需有：记录人、主持人、小组成员、组员分工及职责等要素。
2. 请用数码相机或手机记录任务实施时的关键步骤。

三、任务实施

1. 列出华数 HSR-612 型工业机器人线束拆除所需的工具、量具的名称和用途。

类　型	名　称	用　途
工具		
量具		

2. 当完成工业机器人线束拆除时，记录实际拆卸过程。

3. 小组讨论，回顾工业机器人线束拆除的作业过程，进一步分析和完善操作方法和技巧，并做补充。

四、检查控制

华数 HSR-612 型工业机器人线束拆除过程检查评分表

班级：________ 小组：________________ 日期：____年____月____日

序号	要求		配分	评分标准	得分
1	完成机器人编码线、动力线的定义、功能认知	熟练、快速达到要求	20~25	酌情扣分	
		能完成并达到要求	12~20	酌情扣分	
		基本正确但达不到要求	12 以下	酌情扣分	
2	能够熟练操作工业机器人机械装调维修虚拟仿真实训与考评系统进行线束拆除	熟练、快速完成基础操作	20~25	酌情扣分	
		能完成基础操作	12~20	酌情扣分	
		了解但完不成基础操作	12 以下	酌情扣分	
3	做好线束拆卸前的准备工作	全面完成	5~10	酌情扣分	
		基本完成	5 以下	酌情扣分	
4	能正确运用各种工具、量具进行线束拆除	能熟练使用	10~15	酌情扣分	
		会使用但不熟练	5~10	酌情扣分	
		了解但使用方法不正确	5 以下	酌情扣分	
5	能正确完成本体的线束拆除	熟练、快速完成操作	10~15	酌情扣分	
		能完成操作	5~10	酌情扣分	
		了解但完不成操作	5 以下	酌情扣分	
6	安全文明操作	较好符合要求	5~10	酌情扣分	
		有明显不符合要求	5 以下	酌情扣分	
			总分		

五、评价反馈

结果性评价表

班级：________姓名：______________学号：______________　　日期：____年____月____日

评价指标	评 价 标 准	分值	评价依据	自评	组评	师评
纪律表现	按时上下课，着装规范	5	课堂考勤、观察			
	遵守一体化教室的使用规则	5				
知识目标	正确查找资料，写出机器人线束拆除的相关知识点	10	工作页			
	正确制订线束拆除计划	10				
技能目标	正确利用网络资源、教材资料查找有效信息	5	课堂表现评分表、检测评价表			
	正确使用工具、量具及耗材	5				
	以小组合作的方式完成机器人线束拆除，符合职业岗位要求	10				
情感目标	在小组讨论中能积极发言或汇报	10	课堂表现评分表、课堂观察			
	积极配合小组成员完成工作任务	10				
	具备安全意识与规范意识	10				
	具备团队协作能力	10				
	有责任心，对自己的行为负责	10				
合计						

注：总分＝自评（30%）+组评（30%）+师评（40%），满分100分

六、撰写工作总结

____

____

____

____

____

____

____

____

____

学习活动三 机器人排油

学习目标

1. 通过学习课程平台上的资源，进行任务分析，获取任务关键信息，完成工业机器人装调与维护工作页。
2. 描述油脂工具的含义。
3. 掌握油脂工具的原理、功能。
4. 能用工业机器人机械装调维修虚拟仿真实训与考评系统制订机器人的排油计划。
5. 能够操作工业机器人机械装调维修虚拟仿真实训与考评系统完成机器人排油。
6. 能够正确完成机器人本体排油。

学习地点

工业机器人装调与维护一体化学习工作站

学习资源：《机修钳工工艺学》《机修钳工技能训练》《工业机器人装调与维护工作页》《工业机器人装调与维护实习指导书》《工业机器人安装与调试》《工业机器人装调与维修》等教材，工业机器人装调与维护教学视频、教学课件及网络资源等。

学习过程

学习任务描述

情景描述：某实习工厂工业机器人装调与维护实训基地813新购进一台华数HSR-612型机器人，维修调试人员需要在工业机器人机械装调维修虚拟仿真实训与考评系统的协助下，熟练掌握装调与维护技巧，以便将来在教学过程中指导学生进行拆装和维护保养。本次工作任务是通过学习，掌握对油脂工具的认知，知道油脂工具是什么，有什么功能。能够利用工业机器人机械装调维修虚拟仿真实训与考评系统制订机器人排油计划，并能够正确完成工业机器人本体排油。

教学准备

准备机修钳工安全操作规程，安全警示标牌，华数HSR-612型机器人使用说明书、生产合格证，装调所需的工具和量具及辅具，劳保用品，教材，机械部分和电气部分的维修手册等。

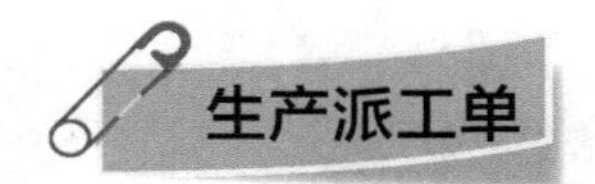

<table>
<tr><td colspan="6">生 产 派 工 单
单号：________ 开单部门：____________________ 开单人：________
开单时间：____年____月____日____时____分 接单人：______部______小组________（签名）</td></tr>
<tr><td colspan="6">以下由开单人填写</td></tr>
<tr><td>设备名称</td><td>HSR-612 型工业机器人</td><td>编号</td><td>001</td><td>车间名称</td><td>工业机器人装调与维护实训基地 813</td></tr>
<tr><td>工作任务</td><td colspan="2">机器人排油</td><td colspan="2">完成工时</td><td>6 个工时</td></tr>
<tr><td>技术要求</td><td colspan="5">按照 HSR-612 型工业机器人检测技术要求，达到设备出厂合格证明书的各项几何精度标准</td></tr>
<tr><td colspan="6">以下由接单人和确认方填写</td></tr>
<tr><td>领取材料
（含消耗品）</td><td colspan="2">零部件名称、数量：</td><td rowspan="2">成本核算</td><td colspan="2" rowspan="2">金额合计：
仓管员（签名）
年　月　日</td></tr>
<tr><td>领用工具</td><td colspan="2"></td></tr>
<tr><td>任务实施记录</td><td colspan="2"></td><td colspan="3">操作员（签名）
年　月　日</td></tr>
<tr><td>任务验收</td><td colspan="2"></td><td colspan="3">验收人员（签名）
年　月　日</td></tr>
</table>

一、收集信息，明确任务

1. 通过分组讨论，列出要完成华数 HSR-612 型工业机器人排油任务应收集哪些问题。

____

____

____

2. 查阅资料，识别油脂工具的名称和功能。

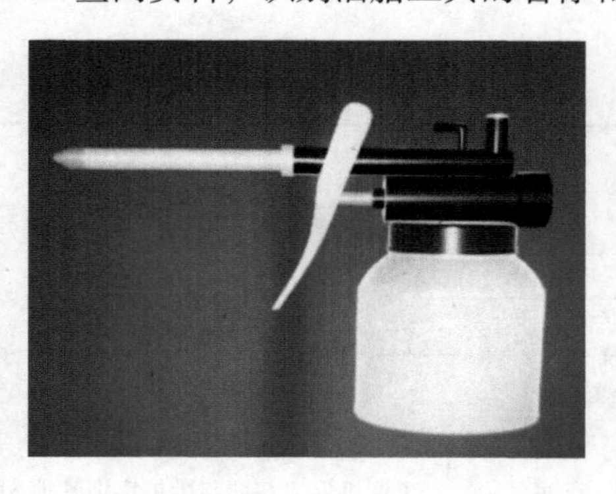

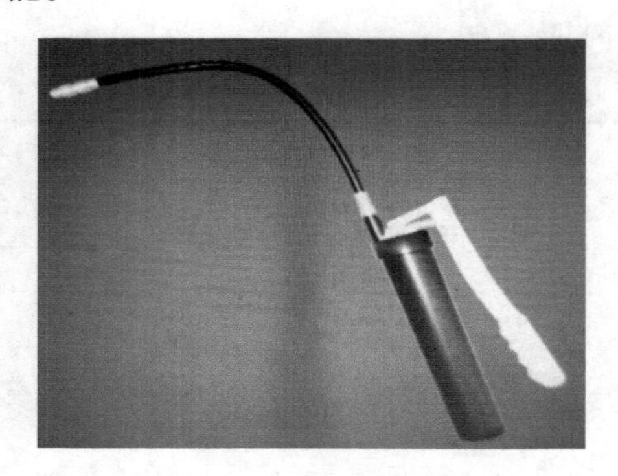

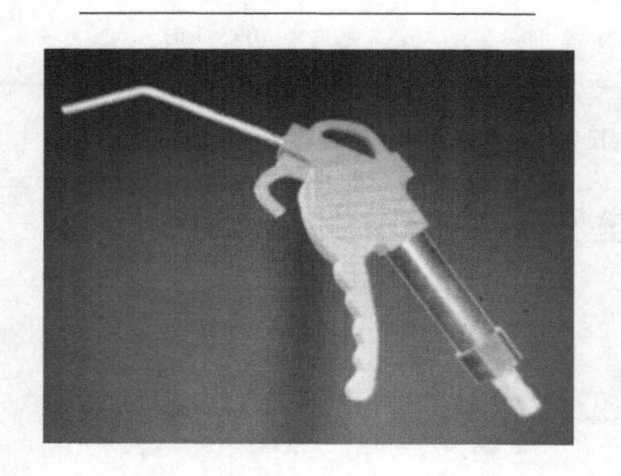

3. 通过查找网络资源，摘抄《工业机器人减速器油脂应用与选型》。

二、计划与决策

1. 观看《华数 HSR-612 型工业机器人仿真软件应用教学视频》，详细记录机器人排油的步骤和注意事项。利用在线操作工业机器人机械装调维修虚拟仿真实训与考评系统，完善华数 HSR-612 型工业机器人排油任务工艺过程。

华数 HSR-612 型工业机器人排油任务工艺过程

序号	工作步骤	作业内容	工具、量具及设备	安全注意事项

（续）

序号	工作步骤	作业内容	工具、量具及设备	安全注意事项
操作时长				

2. 学习活动小组成员工作任务安排。

序号	组员姓名	组员分工	职责	备注
1				
2				
3				
4				
5				

小提示

1. 小组学习记录需有：记录人、主持人、小组成员、组员分工及职责等要素。
2. 请用数码相机或手机记录任务实施时的关键步骤。

三、任务实施

1. 列出华数 HSR-612 型工业机器人排油所需的工具、量具的名称和用途。

类　型	名　称	用　途
工具		
量具		

2. 当工业机器人进行J1、J2、J3轴排油时，记录实际的排油过程。

____

____

____

3. 小组讨论，回顾工业机器人的排油作业过程，进一步分析和完善操作方法和技巧，并做补充。

____

____

____

四、检查控制

华数HSR-612型工业机器人排油过程检查评分表

班级：______ 小组：______________ 日期：___年___月___日

序号	要　求		配分	评分标准	得分
1	完成油脂工具的定义、功能认知	熟练、快速达到要求	20~25	酌情扣分	
		能完成并达到要求	12~20	酌情扣分	
		基本正确但达不到要求	12以下	酌情扣分	
2	能够熟练操作工业机器人机械装调维修虚拟仿真实训与考评系统进行机器人排油	熟练、快速完成基础操作	20~25	酌情扣分	
		能完成基础操作	12~20	酌情扣分	
		了解但完不成基础操作	12以下	酌情扣分	
3	做好机器人排油前的准备工作	全面完成	5~10	酌情扣分	
		基本完成	5以下	酌情扣分	
4	能正确运用各种工具、量具进行认知	能熟练使用	10~15	酌情扣分	
		会使用但不熟练	5~10	酌情扣分	
		了解但使用方法不正确	5以下	酌情扣分	

（续）

序号	要　　求		配分	评分标准	得分
5	能正确完成机器人排油	熟练、快速完成操作	10~15	酌情扣分	
		能完成操作	5~10	酌情扣分	
		了解但完不成操作	5以下	酌情扣分	
6	安全文明操作	较好符合要求	5~10	酌情扣分	
		有明显不符合要求	5以下	酌情扣分	
			总分		

五、评价反馈

结果性评价表

班级：________姓名：______________学号：______________　日期：____年____月____日						
评价指标	评价标准	分值	评价依据	自评	组评	师评
纪律表现	按时上下课，着装规范	5	课堂考勤、观察			
	遵守一体化教室的使用规则	5				
知识目标	正确查找资料，写出机器人排油的相关知识点	10	工作页			
	正确制订机器人排油计划	10				
技能目标	正确利用网络资源、教材资料查找有效信息	5	课堂表现评分表、检测评价表			
	正确使用工具、量具及耗材	5				
	以小组合作的方式完成机器人排油，符合职业岗位要求	10				
情感目标	在小组讨论中能积极发言或汇报	10	课堂表现评分表、课堂观察			
	积极配合小组成员完成工作任务	10				
	具备安全意识与规范意识	10				
	具备团队协作能力	10				
	有责任心，对自己的行为负责	10				
合计						
注：总分=自评（30%）+组评（30%）+师评（40%），满分100分						

六、撰写工作总结

____

____

____

____

____

____

____

学习活动四　J6轴的拆装

学习目标

1. 通过学习课程平台上的资源，进行任务分析，获取任务关键信息，完成工业机器人装调与维护工作页。
2. 描述谐波减速器的含义。
3. 掌握谐波减速器的原理、功能。
4. 能用工业机器人机械装调维修虚拟仿真实训与考评系统制订J6轴的拆装计划。
5. 能够操作工业机器人机械装调维修虚拟仿真实训与考评系统完成J6轴的拆装。
6. 能够正确完成工业机器人本体J6轴的拆装。

学习地点

工业机器人装调与维护一体化学习工作站

学习资源：《机修钳工工艺学》《机修钳工技能训练》《工业机器人装调与维护工作页》《工业机器人装调与维护实习指导书》《工业机器人安装与调试》《工业机器人装调与维修》等教材，工业机器人装调与维护教学视频、教学课件及网络资源等。

学习过程

学习任务描述

情景描述：某实习工厂工业机器人装调与维护实训基地813新购进一台华数HSR-612型机器人，维修调试人员需要在工业机器人机械装调维修虚拟仿真实训与考评系统的协助下，熟练掌握装调与维护技巧，以便将来在教学过程中指导学生进行拆装和维护保养。本次工作任务是通过学习，掌握对谐波减速器的认知，知道谐波减速器是什么，有什么功能。能够利用工业机器人机械装调维修虚拟仿真实训与考评系统制订J6轴的拆装计划，并能够正确完成工业机器人本体J6轴的拆装。

教学准备

准备机修钳工安全操作规程，安全警示标牌，华数HSR-612型机器人使用说明书、生产合格证，装调所需的工具和量具及辅具，劳保用品，教材，机械部分和电气部分的维修手册等。

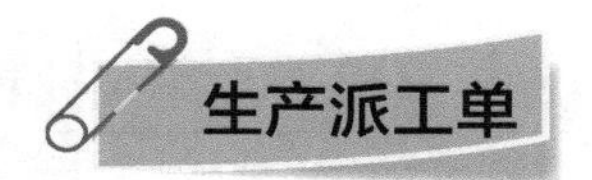

<table>
<tr><td colspan="8">生 产 派 工 单
单号：__________　开单部门：______________________________　开单人：__________
开单时间：_____年____月____日____时____分　接单人：_______部_______小组__________（签名）</td></tr>
<tr><td colspan="8">以下由开单人填写</td></tr>
<tr><td>设备名称</td><td colspan="2">HSR-612 型工业机器人</td><td>编号</td><td>001</td><td>车间名称</td><td colspan="2">工业机器人装调与维护实训基地 813</td></tr>
<tr><td>工作任务</td><td colspan="3">J6 轴的拆装</td><td colspan="2">完成工时</td><td colspan="2">6 个工时</td></tr>
<tr><td>技术要求</td><td colspan="7">按照 HSR-612 型工业机器人检测技术要求，达到设备出厂合格证明书的各项几何精度标准</td></tr>
<tr><td colspan="8">以下由接单人和确认方填写</td></tr>
<tr><td>领取材料
（含消耗品）</td><td colspan="5">零部件名称、数量：</td><td rowspan="2">成
本
核
算</td><td rowspan="2">金额合计：
仓管员（签名）
年　月　日</td></tr>
<tr><td>领用工具</td><td colspan="5"></td></tr>
<tr><td>任务实施记录</td><td colspan="5"></td><td colspan="2">操作员（签名）
年　月　日</td></tr>
<tr><td>任务验收</td><td colspan="5"></td><td colspan="2">验收人员（签名）
年　月　日</td></tr>
</table>

一、收集信息，明确任务

1. 通过分组讨论，列出要完成华数 HSR-612 型工业机器人 J6 轴的拆装任务应收集哪些问题。

____

____

____

2. 查阅资料，摘抄谐波减速器的定义、工作原理和功能。

3. 通过查找网络资源，摘抄《工业机器人机械拆装安全操作规程》。

二、计划与决策

1. 观看《华数 HSR-612 型工业机器人仿真软件应用教学视频》，详细记录机器人 J6 轴的拆装步骤和注意事项。利用在线操作工业机器人机械装调维修虚拟仿真实训与考评系统，完善华数 HSR-612 型工业机器人 J6 轴拆装任务的工艺过程。

华数 HSR-612 型工业机器人 J6 轴拆装任务的工艺过程

序号	工作步骤	作业内容	工具、量具及设备	安全注意事项
操作时长				

2. 学习活动小组成员工作任务安排。

序号	组员姓名	组员分工	职责	备注
1				
2				
3				
4				
5				

小提示

1. 小组学习记录需有：记录人、主持人、小组成员、组员分工及职责等要素。
2. 请用数码相机或手机记录任务实施时的关键步骤。

三、任务实施

1. 列出华数 HSR-612 型工业机器人 J6 轴拆装所需的工具、量具的名称和用途。

类　型	名　称	用　途
工具		
量具		

2. 当工业机器人进行J6轴的拆装时，记录实际拆装过程。

____

____

____

3. 小组讨论，回顾工业机器人J6轴的拆装作业过程，进一步分析和完善操作方法和技巧，并做补充。

____

____

____

____

四、检查控制

华数HSR-612型工业机器人J6轴的拆装过程检查评分表

班级：________ 小组：________________ 日期：____年____月____日

序号	要求		配分	评分标准	得分
1	完成谐波减速器的定义、功能认知	熟练、快速达到要求	20~25	酌情扣分	
		能完成并达到要求	12~20	酌情扣分	
		基本正确但达不到要求	12以下	酌情扣分	
2	能够熟练操作工业机器人机械装调维修虚拟仿真实训与考评系统进行J6轴的拆装	熟练、快速完成基础操作	20~25	酌情扣分	
		能完成基础操作	12~20	酌情扣分	
		了解但完不成基础操作	12以下	酌情扣分	
3	做好J6轴拆装前的准备工作	全面完成	5~10	酌情扣分	
		基本完成	5以下	酌情扣分	
4	能正确运用各种工具、量具进行拆装	能熟练使用	10~15	酌情扣分	
		会使用但不熟练	5~10	酌情扣分	
		了解但使用方法不正确	5以下	酌情扣分	
5	能正确完成本体J6轴的拆装	熟练、快速完成操作	10~15	酌情扣分	
		能完成操作	5~10	酌情扣分	
		了解但完不成操作	5以下	酌情扣分	
6	安全文明操作	较好符合要求	5~10	酌情扣分	
		有明显不符合要求	5以下	酌情扣分	
			总分		

五、评价反馈

结果性评价表

<table>
<tr><td colspan="7">班级：________姓名：______________学号：______________　　日期：____年____月____日</td></tr>
<tr><td>评价指标</td><td>评 价 标 准</td><td>分值</td><td>评价依据</td><td>自评</td><td>组评</td><td>师评</td></tr>
<tr><td rowspan="2">纪律表现</td><td>按时上下课，着装规范</td><td>5</td><td rowspan="2">课堂考勤、观察</td><td></td><td></td><td></td></tr>
<tr><td>遵守一体化教室的使用规则</td><td>5</td><td></td><td></td><td></td></tr>
<tr><td rowspan="2">知识目标</td><td>正确查找资料，写出机器人 J6 轴拆装的相关知识点</td><td>10</td><td rowspan="2">工作页</td><td></td><td></td><td></td></tr>
<tr><td>正确制订 J6 轴的拆装计划</td><td>10</td><td></td><td></td><td></td></tr>
<tr><td rowspan="3">技能目标</td><td>正确利用网络资源、教材资料查找有效信息</td><td>5</td><td rowspan="3">课堂表现评分表、检测评价表</td><td></td><td></td><td></td></tr>
<tr><td>正确使用工具、量具及耗材</td><td>5</td><td></td><td></td><td></td></tr>
<tr><td>以小组合作的方式完成机器人 J6 轴的拆装，符合职业岗位要求</td><td>10</td><td></td><td></td><td></td></tr>
<tr><td rowspan="5">情感目标</td><td>在小组讨论中能积极发言或汇报</td><td>10</td><td rowspan="5">课堂表现评分表、课堂观察</td><td></td><td></td><td></td></tr>
<tr><td>积极配合小组成员完成工作任务</td><td>10</td><td></td><td></td><td></td></tr>
<tr><td>具备安全意识与规范意识</td><td>10</td><td></td><td></td><td></td></tr>
<tr><td>具备团队协作能力</td><td>10</td><td></td><td></td><td></td></tr>
<tr><td>有责任心，对自己的行为负责</td><td>10</td><td></td><td></td><td></td></tr>
<tr><td>合计</td><td colspan="6"></td></tr>
<tr><td colspan="7">注：总分 = 自评（30%）+组评（30%）+师评（40%），满分 100 分</td></tr>
</table>

六、撰写工作总结

____

____

____

____

____

____

____

____

学习活动五 J5 轴的拆装

学习目标

1. 通过学习课程平台上的资源，进行任务分析，获取任务关键信息，完成工业机器人装调与维护工作页。
2. 描述轴的含义。
3. 掌握轴的原理、功能。
4. 能用工业机器人机械装调维修虚拟仿真实训与考评系统制订 J5 轴的拆装计划。
5. 能够操作工业机器人机械装调维修虚拟仿真实训与考评系统完成 J5 轴的拆装。
6. 能够正确完成工业机器人本体 J5 轴的拆装。

学习地点

工业机器人装调与维护一体化学习工作站

学习资源：《机修钳工工艺学》《机修钳工技能训练》《工业机器人装调与维护工作页》《工业机器人装调与维护实习指导书》《工业机器人安装与调试》《工业机器人装调与维修》等教材，工业机器人装调与维护教学视频、教学课件及网络资源等。

学习过程

学习任务描述

情景描述：某实习工厂工业机器人装调与维护实训基地 813 新购进一台华数 HSR-612 型机器人，维修调试人员需要在工业机器人机械装调维修虚拟仿真实训与考评系统的协助下，熟练掌握装调与维护技巧，以便将来在教学过程中指导学生进行拆装和维护保养。本次工作任务是通过学习，掌握对轴的认知，知道轴是什么，有什么功能。能够利用工业机器人机械装调维修虚拟仿真实训与考评系统制订 J5 轴的拆装计划，并能够正确完成工业机器人本体 J5 轴的拆装。

教学准备

准备机修钳工安全操作规程，安全警示标牌，华数 HSR-612 型机器人使用说明书、生产合格证，装调所需的工具和量具及辅具，劳保用品，教材，机械部分和电气部分的维修手册等。

<table>
<tr><td colspan="6">生 产 派 工 单
单号：__________ 开单部门：________________________ 开单人：__________
开单时间：_____年____月____日____时____分 接单人：_______部_______小组__________（签名）</td></tr>
<tr><td colspan="6">以下由开单人填写</td></tr>
<tr><td>设备名称</td><td>HSR-612 型工业机器人</td><td>编号</td><td>001</td><td>车间名称</td><td>工业机器人装调与维护实训基地 813</td></tr>
<tr><td>工作任务</td><td colspan="3">J5 轴的拆装</td><td>完成工时</td><td>6 个工时</td></tr>
<tr><td>技术要求</td><td colspan="5">按照 HSR-612 型工业机器人检测技术要求，达到设备出厂合格证明书的各项几何精度标准</td></tr>
<tr><td colspan="6">以下由接单人和确认方填写</td></tr>
<tr><td>领取材料
（含消耗品）</td><td colspan="3">零部件名称、数量：</td><td rowspan="2">成
本
核
算</td><td rowspan="2">金额合计：
仓管员（签名）
年 月 日</td></tr>
<tr><td>领用工具</td><td colspan="3"></td></tr>
<tr><td>任务实施记录</td><td colspan="3"></td><td colspan="2">操作员（签名）
年 月 日</td></tr>
<tr><td>任务验收</td><td colspan="3"></td><td colspan="2">验收人员（签名）
年 月 日</td></tr>
</table>

一、收集信息，明确任务

1. 通过分组讨论，列出要完成华数 HSR-612 型工业机器人 J5 轴的拆装任务应收集哪些问题。

____

____

____

2. 查阅资料，摘抄轴的定义、工作原理和功能。

3. 通过查找网络资源，摘抄《工业机器人机械拆装安全操作规程》。

二、计划与决策

1. 观看《华数 HSR-612 型工业机器人仿真软件应用教学视频》，详细记录机器人 J5 轴的拆装步骤和注意事项。利用在线操作工业机器人机械装调维修虚拟仿真实训与考评系统，完善华数 HSR-612 型工业机器人 J5 轴拆装任务的工艺过程。

华数 HSR-612 型工业机器人 J5 轴拆装任务的工艺过程

序号	工作步骤	作业内容	工具、量具及设备	安全注意事项
操作时长				

2. 学习活动小组成员工作任务安排。

序号	组员姓名	组员分工	职责	备注
1				
2				
3				
4				
5				

小提示

1. 小组学习记录需有：记录人、主持人、小组成员、组员分工及职责等要素。
2. 请用数码相机或手机记录任务实施时的关键步骤。

三、任务实施

1. 列出华数 HSR-612 型工业机器人 J5 轴拆装所需的工具、量具的名称和用途。

类　型	名　称	用　途
工具		
量具		

2. 当工业机器人进行 J5 轴的拆装时，记录实际拆装过程。

3. 小组讨论，回顾工业机器人 J5 轴的拆装作业过程，进一步分析和完善操作方法和技巧，并做补充。

四、检查控制

华数 HSR-612 型工业机器人 J5 轴的拆装过程检查评分表

班级：______ 小组：______ 日期：___年___月___日					
序号	要求		配分	评分标准	得分
1	完成轴的定义、功能认知	熟练、快速达到要求	20~25	酌情扣分	
		能完成并达到要求	12~20	酌情扣分	
		基本正确但达不到要求	12 以下	酌情扣分	
2	能够熟练操作工业机器人机械装调维修虚拟仿真实训与考评系统进行 J5 轴的拆装	熟练、快速完成基础操作	20~25	酌情扣分	
		能完成基础操作	12~20	酌情扣分	
		了解但完不成基础操作	12 以下	酌情扣分	
3	做好 J5 轴拆装前的准备工作	全面完成	5~10	酌情扣分	
		基本完成	5 以下	酌情扣分	
4	能正确运用各种工具、量具进行拆装	能熟练使用	10~15	酌情扣分	
		会使用但不熟练	5~10	酌情扣分	
		了解但使用方法不正确	5 以下	酌情扣分	
5	能正确完成本体 J5 轴的拆装	熟练、快速完成操作	10~15	酌情扣分	
		能完成操作	5~10	酌情扣分	
		了解但完不成操作	5 以下	酌情扣分	
6	安全文明操作	较好符合要求	5~10	酌情扣分	
		有明显不符合要求	5 以下	酌情扣分	
			总分		

五、评价反馈

结果性评价表

班级：________姓名：______________学号：______________ 日期：____年____月____日

评价指标	评 价 标 准	分值	评价依据	自评	组评	师评
纪律表现	按时上下课，着装规范	5	课堂考勤、观察			
	遵守一体化教室的使用规则	5				
知识目标	正确查找资料，写出机器人 J5 轴拆装的相关知识点	10	工作页			
	正确制订 J5 轴的拆装计划	10				
技能目标	正确利用网络资源、教材资料查找有效信息	5	课堂表现评分表、检测评价表			
	正确使用工具、量具及耗材	5				
	以小组合作的方式完成机器人 J5 轴的拆装，符合职业岗位要求	10				
情感目标	在小组讨论中能积极发言或汇报	10	课堂表现评分表、课堂观察			
	积极配合小组成员完成工作任务	10				
	具备安全意识与规范意识	10				
	具备团队协作能力	10				
	有责任心，对自己的行为负责	10				
合计						
注：总分=自评(30%)+组评(30%)+师评(40%)，满分 100 分						

六、撰写工作总结

____

____

____

____

____

____

____

____

学习活动六 J4 轴的拆装

学习目标

1. 通过学习课程平台上的资源，进行任务分析，获取任务关键信息，完成工业机器人装调与维护工作页。
2. 描述轴承的含义。
3. 掌握轴承的原理、功能。
4. 能用工业机器人机械装调维修虚拟仿真实训与考评系统制订 J4 轴的拆装计划。
5. 能够操作工业机器人机械装调维修虚拟仿真实训与考评系统完成 J4 轴的拆装。
6. 能够正确完成工业机器人本体 J4 轴的拆装。

学习地点

工业机器人装调与维护一体化学习工作站

学习资源：《机修钳工工艺学》《机修钳工技能训练》《工业机器人装调与维护工作页》《工业机器人装调与维护实习指导书》《工业机器人安装与调试》《工业机器人装调与维修》等教材，工业机器人装调与维护教学视频、教学课件及网络资源等。

学习过程

学习任务描述

情景描述：某实习工厂工业机器人装调与维护实训基地 813 新购进一台华数 HSR-612 型机器人，维修调试人员需要在工业机器人机械装调维修虚拟仿真实训与考评系统的协助下，熟练掌握装调与维护技巧，以便将来在教学过程中指导学生进行拆装和维护保养。本次工作任务是通过学习，掌握对轴承的认知，知道轴承是什么，有什么功能。能够利用工业机器人机械装调维修虚拟仿真实训与考评系统制订 J4 轴的拆装计划，并能够正确完成工业机器人本体 J4 轴的拆装。

教学准备

准备机修钳工安全操作规程，安全警示标牌，华数 HSR-612 型机器人使用说明书、生产合格证，装调所需的工具和量具及辅具，劳保用品，教材，机械部分和电气部分的维修手册等。

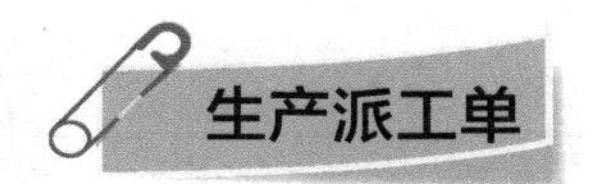

<table>
<tr><td colspan="6">生 产 派 工 单
单号：__________　开单部门：________________________________　开单人：__________
开单时间：_____年___月___日___时___分　接单人：_______部_______小组__________（签名）</td></tr>
<tr><td colspan="6">以下由开单人填写</td></tr>
<tr><td>设备名称</td><td>HSR-612 型工业机器人</td><td>编号</td><td>001</td><td>车间名称</td><td>工业机器人装调与维护实训基地 813</td></tr>
<tr><td>工作任务</td><td colspan="3">J4 轴的拆装</td><td>完成工时</td><td>6 个工时</td></tr>
<tr><td>技术要求</td><td colspan="5">按照 HSR-612 型工业机器人检测技术要求，达到设备出厂合格证明书的各项几何精度标准</td></tr>
<tr><td colspan="6">以下由接单人和确认方填写</td></tr>
<tr><td>领取材料
（含消耗品）</td><td colspan="3">零部件名称、数量：</td><td rowspan="2">成本核算</td><td rowspan="2">金额合计：
仓管员（签名）
年　月　日</td></tr>
<tr><td>领用工具</td><td colspan="3"></td></tr>
<tr><td>任务实施记录</td><td colspan="3"></td><td colspan="2">操作员（签名）
年　月　日</td></tr>
<tr><td>任务验收</td><td colspan="3"></td><td colspan="2">验收人员（签名）
年　月　日</td></tr>
</table>

一、收集信息，明确任务

1. 通过分组讨论，列出要完成华数 HSR-612 型工业机器人 J4 轴的拆装任务应收集哪些问题。

____

____

____

2. 查阅资料，摘抄轴承的定义、工作原理和功能。

3. 通过查找网络资源，摘抄《工业机器人机械拆装安全操作规程》。

二、计划与决策

1. 观看《华数 HSR-612 型工业机器人仿真软件应用教学视频》，详细记录机器人 J4 轴的拆装步骤和注意事项。利用在线操作工业机器人机械装调维修虚拟仿真实训与考评系统，完善华数 HSR-612 型工业机器人 J4 轴拆装任务的工艺过程。

华数 HSR-612 型工业机器人 J4 轴拆装任务的工艺过程

序号	工作步骤	作业内容	工具、量具及设备	安全注意事项
操作时长				

2. 学习活动小组成员工作任务安排。

序号	组员姓名	组员分工	职责	备注
1				
2				
3				
4				
5				

小提示

1. 小组学习记录需有：记录人、主持人、小组成员、组员分工及职责等要素。
2. 请用数码相机或手机记录任务实施时的关键步骤。

三、任务实施

1. 列出华数 HSR-612 型工业机器人 J4 轴拆装所需的工具、量具的名称和用途。

类　型	名　称	用　途
工具		
量具		

2. 当工业机器人进行J4轴的拆装时，记录实际拆装过程。

3. 小组讨论，回顾工业机器人J4轴的拆装作业过程，进一步分析和完善操作方法和技巧，并做补充。

四、检查控制

华数 HSR-612 型工业机器人 J4 轴的拆装过程检查评分表

班级：________ 小组：________________ 日期：____年____月____日

序号	要求		配分	评分标准	得分
1	完成轴承的定义、功能认知	熟练、快速达到要求	20~25	酌情扣分	
		能完成并达到要求	12~20	酌情扣分	
		基本正确但达不到要求	12以下	酌情扣分	
2	能够熟练操作工业机器人机械装调维修虚拟仿真实训与考评系统进行J4轴的拆装	熟练、快速完成基础操作	20~25	酌情扣分	
		能完成基础操作	12~20	酌情扣分	
		了解但完不成基础操作	12以下	酌情扣分	
3	做好J4轴拆装前的准备工作	全面完成	5~10	酌情扣分	
		基本完成	5以下	酌情扣分	
4	能正确运用各种工具、量具进行拆装	能熟练使用	10~15	酌情扣分	
		会使用但不熟练	5~10	酌情扣分	
		了解但使用方法不正确	5以下	酌情扣分	
5	能正确完成本体J4轴的拆装	熟练、快速完成操作	10~15	酌情扣分	
		能完成操作	5~10	酌情扣分	
		了解但完不成操作	5以下	酌情扣分	
6	安全文明操作	较好符合要求	5~10	酌情扣分	
		有明显不符合要求	5以下	酌情扣分	
			总分		

五、评价反馈

结果性评价表

<table>
<tr><td colspan="7">班级：________姓名：______________学号：______________　日期：____年____月____日</td></tr>
<tr><td>评价指标</td><td>评 价 标 准</td><td>分值</td><td>评价依据</td><td>自评</td><td>组评</td><td>师评</td></tr>
<tr><td rowspan="2">纪律表现</td><td>按时上下课，着装规范</td><td>5</td><td rowspan="2">课堂考勤、观察</td><td></td><td></td><td></td></tr>
<tr><td>遵守一体化教室的使用规则</td><td>5</td><td></td><td></td><td></td></tr>
<tr><td rowspan="2">知识目标</td><td>正确查找资料，写出机器人 J4 轴拆装的相关知识点</td><td>10</td><td rowspan="2">工作页</td><td></td><td></td><td></td></tr>
<tr><td>正确制订 J4 轴的拆装计划</td><td>10</td><td></td><td></td><td></td></tr>
<tr><td rowspan="3">技能目标</td><td>正确利用网络资源、教材资料查找有效信息</td><td>5</td><td rowspan="3">课堂表现评分表、检测评价表</td><td></td><td></td><td></td></tr>
<tr><td>正确使用工具、量具及耗材</td><td>5</td><td></td><td></td><td></td></tr>
<tr><td>以小组合作的方式完成机器人 J4 轴的拆装，符合职业岗位要求</td><td>10</td><td></td><td></td><td></td></tr>
<tr><td rowspan="5">情感目标</td><td>在小组讨论中能积极发言或汇报</td><td>10</td><td rowspan="5">课堂表现评分表、课堂观察</td><td></td><td></td><td></td></tr>
<tr><td>积极配合小组成员完成工作任务</td><td>10</td><td></td><td></td><td></td></tr>
<tr><td>具备安全意识与规范意识</td><td>10</td><td></td><td></td><td></td></tr>
<tr><td>具备团队协作能力</td><td>10</td><td></td><td></td><td></td></tr>
<tr><td>有责任心，对自己的行为负责</td><td>10</td><td></td><td></td><td></td></tr>
<tr><td>合计</td><td colspan="6"></td></tr>
<tr><td colspan="7">注：总分＝自评（30%）+组评（30%）+师评（40%），满分 100 分</td></tr>
</table>

六、撰写工作总结

____

____

____

____

____

____

____

____

学习活动七 J3 轴的拆装

学习目标

1. 通过学习课程平台上的资源，进行任务分析，获取任务关键信息，完成工业机器人装调与维护工作页。
2. 描述 RV 减速器的含义。
3. 掌握 RV 减速器的原理、功能。
4. 能用工业机器人机械装调维修虚拟仿真实训与考评系统制订 J3 轴的拆装计划。
5. 能够操作工业机器人机械装调维修虚拟仿真实训与考评系统完成 J3 轴的拆装。
6. 能够正确完成工业机器人本体 J3 轴的拆装。

学习地点

工业机器人装调与维护一体化学习工作站

学习资源：《机修钳工工艺学》《机修钳工技能训练》《工业机器人装调与维护工作页》《工业机器人装调与维护实习指导书》《工业机器人安装与调试》《工业机器人装调与维修》等教材，工业机器人装调与维护教学视频、教学课件及网络资源等。

学习过程

学习任务描述

情景描述：某实习工厂工业机器人装调与维护实训基地 813 新购进一台华数 HSR-612 型机器人，维修调试人员需要在工业机器人机械装调维修虚拟仿真实训与考评系统的协助下，熟练掌握装调与维护技巧，以便将来在教学过程中指导学生进行拆装和维护保养。本次工作任务是通过学习，掌握对 RV 减速器的认知，知道 RV 减速器是什么，有什么功能。能够利用工业机器人机械装调维修虚拟仿真实训与考评系统制订 J3 轴的拆装计划，并能够正确完成工业机器人本体 J3 轴的拆装。

教学准备

准备机修钳工安全操作规程，安全警示标牌，华数 HSR-612 型机器人使用说明书、生产合格证，装调所需的工具和量具及辅具，劳保用品，教材，机械部分和电气部分的维修手册等。

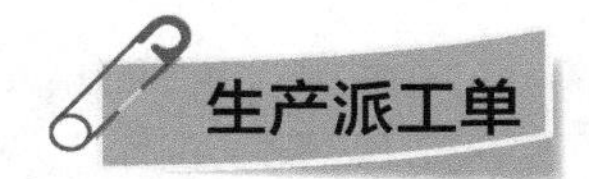

<table>
<tr><td colspan="6">生 产 派 工 单
单号：__________　开单部门：________________________________　开单人：__________
开单时间：_____年____月____日____时____分　接单人：________部________小组__________（签名）</td></tr>
<tr><td colspan="6">以下由开单人填写</td></tr>
<tr><td>设备名称</td><td>HSR-612 型工业机器人</td><td>编号</td><td>001</td><td>车间名称</td><td>工业机器人装调与维护实训基地 813</td></tr>
<tr><td>工作任务</td><td colspan="3">J3 轴的拆装</td><td>完成工时</td><td>6 个工时</td></tr>
<tr><td>技术要求</td><td colspan="5">按照 HSR-612 型工业机器人检测技术要求，达到设备出厂合格证明书的各项几何精度标准</td></tr>
<tr><td colspan="6">以下由接单人和确认方填写</td></tr>
<tr><td>领取材料
（含消耗品）</td><td colspan="3">零部件名称、数量：</td><td rowspan="2">成本核算</td><td rowspan="2">金额合计：
仓管员（签名）
年　月　日</td></tr>
<tr><td>领用工具</td><td colspan="3"></td></tr>
<tr><td>任务实施记录</td><td colspan="3"></td><td colspan="2">操作员（签名）
年　月　日</td></tr>
<tr><td>任务验收</td><td colspan="3"></td><td colspan="2">验收人员（签名）
年　月　日</td></tr>
</table>

一、收集信息，明确任务

1. 通过分组讨论，列出要完成华数 HSR-612 型工业机器人 J3 轴的拆装任务应收集哪些问题。

____

____

____

2. 查阅资料，摘抄 RV 减速器的定义、工作原理和功能。

3. 通过查找网络资源，摘抄《工业机器人机械拆装安全操作规程》。

二、计划与决策

1. 观看《华数 HSR-612 型工业机器人仿真软件应用教学视频》，详细记录机器人 J3 轴的拆装步骤和注意事项。利用在线操作工业机器人机械装调维修虚拟仿真实训与考评系统，完善华数 HSR-612 型工业机器人 J3 轴拆装任务的工艺过程。

华数 HSR-612 型工业机器人 J3 轴拆装任务的工艺过程

序号	工作步骤	作业内容	工具、量具及设备	安全注意事项
操作时长				

2. 学习活动小组成员工作任务安排。

序号	组员姓名	组员分工	职责	备注
1				
2				
3				
4				
5				

小提示

1. 小组学习记录需有：记录人、主持人、小组成员、组员分工及职责等要素。
2. 请用数码相机或手机记录任务实施时的关键步骤。

三、任务实施

1. 列出华数 HSR-612 型工业机器人 J3 轴拆装所需的工具、量具的名称和用途。

类　型	名　称	用　途
工具		
量具		

2. 当工业机器人进行 J3 轴的拆装时，记录实际拆装过程。

3. 小组讨论，回顾工业机器人 J3 轴的拆装作业过程，进一步分析和完善操作方法和技巧，并做补充。

四、检查控制

华数 HSR-612 型工业机器人 J3 轴的拆装过程检查评分表

班级：______ 小组：__________ 日期：___年___月___日

序号	要求		配分	评分标准	得分
1	完成 RV 减速器的定义、功能认知	熟练、快速达到要求	20~25	酌情扣分	
		能完成并达到要求	12~20	酌情扣分	
		基本正确但达不到要求	12 以下	酌情扣分	
2	能够熟练操作工业机器人机械装调维修虚拟仿真实训与考评系统进行 J3 轴的拆装	熟练、快速完成基础操作	20~25	酌情扣分	
		能完成基础操作	12~20	酌情扣分	
		了解但完不成基础操作	12 以下	酌情扣分	
3	做好 J3 轴拆装前的准备工作	全面完成	5~10	酌情扣分	
		基本完成	5 以下	酌情扣分	
4	能正确运用各种工具、量具进行拆装	能熟练使用	10~15	酌情扣分	
		会使用但不熟练	5~10	酌情扣分	
		了解但使用方法不正确	5 以下	酌情扣分	
5	能正确完成本体 J3 轴的拆装	熟练、快速完成操作	10~15	酌情扣分	
		能完成操作	5~10	酌情扣分	
		了解但完不成操作	5 以下	酌情扣分	
6	安全文明操作	较好符合要求	5~10	酌情扣分	
		有明显不符合要求	5 以下	酌情扣分	
			总分		

五、评价反馈

结果性评价表

班级：________姓名：______________学号：______________ 日期：____年____月____日

评价指标	评价标准	分值	评价依据	自评	组评	师评
纪律表现	按时上下课，着装规范	5	课堂考勤、观察			
	遵守一体化教室的使用规则	5				
知识目标	正确查找资料，写出机器人 J3 轴拆装的相关知识点	10	工作页			
	正确制订 J3 轴的拆装计划	10				
技能目标	正确利用网络资源、教材资料查找有效信息	5	课堂表现评分表、检测评价表			
	正确使用工具、量具及耗材	5				
	以小组合作的方式完成机器人 J3 轴的拆装，符合职业岗位要求	10				
情感目标	在小组讨论中能积极发言或汇报	10	课堂表现评分表、课堂观察			
	积极配合小组成员完成工作任务	10				
	具备安全意识与规范意识	10				
	具备团队协作能力	10				
	有责任心，对自己的行为负责	10				
合计						
注：总分 = 自评(30%)+组评(30%)+师评(40%)，满分 100 分						

六、撰写工作总结

____

____

____

____

____

____

____

____

学习活动八 J2 轴的拆装

1. 通过学习课程平台上的资源，进行任务分析，获取任务关键信息，完成工业机器人装调与维护工作页。
2. 描述标准零件的含义。
3. 掌握标准零件的原理、功能。
4. 能用工业机器人机械装调维修虚拟仿真实训与考评系统制订 J2 轴的拆装计划。
5. 能够操作工业机器人机械装调维修虚拟仿真实训与考评系统完成 J2 轴的拆装。
6. 能够正确完成工业机器人本体 J2 轴的拆装。

学习地点

工业机器人装调与维护一体化学习工作站

学习资源：《机修钳工工艺学》《机修钳工技能训练》《工业机器人装调与维护工作页》《工业机器人装调与维护实习指导书》《工业机器人安装与调试》《工业机器人装调与维修》等教材，工业机器人装调与维护教学视频、教学课件及网络资源等。

学习过程

学习任务描述

情景描述：某实习工厂工业机器人装调与维护实训基地 813 新购进一台华数 HSR-612 型机器人，维修调试人员需要在工业机器人机械装调维修虚拟仿真实训与考评系统的协助下，熟练掌握装调与维护技巧，以便将来在教学过程中指导学生进行拆装和维护保养。本次工作任务是通过学习，掌握对标准零件的认知，知道标准零件是什么，有什么功能。能够利用工业机器人机械装调维修虚拟仿真实训与考评系统制订 J2 轴的拆装计划，并能够正确完成工业机器人本体 J2 轴的拆装。

教学准备

准备机修钳工安全操作规程，安全警示标牌，华数 HSR-612 型机器人使用说明书、生产合格证，装调所需的工具和量具及辅具，劳保用品，教材，机械部分和电气部分的维修手册等。

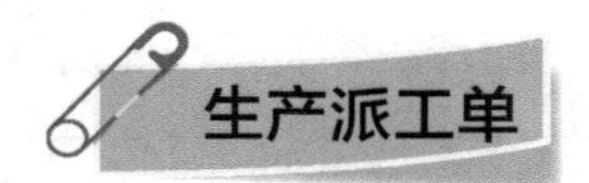

生产派工单

<table>
<tr><td colspan="6">生 产 派 工 单
单号：________ 开单部门：______________________ 开单人：________
开单时间：_____年____月____日____时____分　接单人：_______部_______小组__________（签名）</td></tr>
<tr><td colspan="6">以下由开单人填写</td></tr>
<tr><td>设备名称</td><td>HSR-612 型工业机器人</td><td>编号</td><td>001</td><td>车间名称</td><td>工业机器人装调与维护实训基地 813</td></tr>
<tr><td>工作任务</td><td colspan="2">J2 轴的拆装</td><td colspan="2">完成工时</td><td>6 个工时</td></tr>
<tr><td>技术要求</td><td colspan="5">按照 HSR-612 型工业机器人检测技术要求，达到设备出厂合格证明书的各项几何精度标准</td></tr>
<tr><td colspan="6">以下由接单人和确认方填写</td></tr>
<tr><td>领取材料
（含消耗品）</td><td colspan="3">零部件名称、数量：</td><td rowspan="2">成本核算</td><td rowspan="2">金额合计：
仓管员（签名）
年　月　日</td></tr>
<tr><td>领用工具</td><td colspan="3"></td></tr>
<tr><td>任务实施记录</td><td colspan="3"></td><td colspan="2">操作员（签名）
年　月　日</td></tr>
<tr><td>任务验收</td><td colspan="3"></td><td colspan="2">验收人员（签名）
年　月　日</td></tr>
</table>

一、收集信息，明确任务

1. 通过分组讨论，列出要完成华数 HSR-612 型工业机器人 J2 轴的拆装任务应收集哪些问题。

____

____

____

2. 查阅资料，摘抄标准零件的定义、工作原理和功能。

3. 通过查找网络资源，摘抄《工业机器人机械拆装安全操作规程》。

二、计划与决策

1. 观看《华数 HSR-612 型工业机器人仿真软件应用教学视频》，详细记录机器人 J2 轴的拆装步骤和注意事项。利用在线操作工业机器人机械装调维修虚拟仿真实训与考评系统，完善华数 HSR-612 型工业机器人 J2 轴拆装任务的工艺过程。

华数 HSR-612 型工业机器人 J2 轴拆装任务的工艺过程

序号	工作步骤	作业内容	工具、量具及设备	安全注意事项
操作时长				

2. 学习活动小组成员工作任务安排。

序号	组员姓名	组员分工	职责	备注
1				
2				
3				
4				
5				

小提示

1. 小组学习记录需有：记录人、主持人、小组成员、组员分工及职责等要素。
2. 请用数码相机或手机记录任务实施时的关键步骤。

三、任务实施

1. 列出华数HSR-612型工业机器人J2轴拆装所需的工具、量具的名称和用途。

类　型	名　称	用　途
工具		
量具		

2. 当工业机器人进行 J2 轴的拆装时，记录实际拆装过程。

3. 小组讨论，回顾工业机器人 J2 轴的拆装作业过程，进一步分析和完善操作方法和技巧，并做补充。

四、检查控制

华数 HSR-612 型工业机器人 J2 轴的拆装过程检查评分表

班级：________ 小组：__________________ 日期：____年____月____日

序号	要求		配分	评分标准	得分
1	完成标准零件的定义、功能认知	熟练、快速达到要求	20~25	酌情扣分	
		能完成并达到要求	12~20	酌情扣分	
		基本正确但达不到要求	12 以下	酌情扣分	
2	能够熟练操作工业机器人机械装调维修虚拟仿真实训与考评系统进行 J2 轴的拆装	熟练、快速完成基础操作	20~25	酌情扣分	
		能完成基础操作	12~20	酌情扣分	
		了解但完不成基础操作	12 以下	酌情扣分	
3	做好 J2 轴拆装前的准备工作	全面完成	5~10	酌情扣分	
		基本完成	5 以下	酌情扣分	
4	能正确运用各种工具、量具进行拆装	能熟练使用	10~15	酌情扣分	
		会使用但不熟练	5~10	酌情扣分	
		了解但使用方法不正确	5 以下	酌情扣分	
5	能正确完成本体 J2 轴的拆装	熟练、快速完成操作	10~15	酌情扣分	
		能完成操作	5~10	酌情扣分	
		了解但完不成操作	5 以下	酌情扣分	
6	安全文明操作	较好符合要求	5~10	酌情扣分	
		有明显不符合要求	5 以下	酌情扣分	
			总分		

五、评价反馈

结果性评价表

班级：________ 姓名：____________ 学号：____________ 日期：____年____月____日						
评价指标	评 价 标 准	分值	评价依据	自评	组评	师评
纪律表现	按时上下课，着装规范	5	课堂考勤、观察			
	遵守一体化教室的使用规则	5				
知识目标	正确查找资料，写出机器人 J2 轴拆装的相关知识点	10	工作页			
	正确制订 J2 轴的拆装计划	10				
技能目标	正确利用网络资源、教材资料查找有效信息	5	课堂表现评分表、检测评价表			
	正确使用工具、量具及耗材	5				
	以小组合作的方式完成机器人 J2 轴的拆装，符合职业岗位要求	10				
情感目标	在小组讨论中能积极发言或汇报	10	课堂表现评分表、课堂观察			
	积极配合小组成员完成工作任务	10				
	具备安全意识与规范意识	10				
	具备团队协作能力	10				
	有责任心，对自己的行为负责	10				
合计						
注：总分=自评（30%）+组评（30%）+师评（40%），满分 100 分						

六、撰写工作总结

____

____

____

____

____

____

____

____

____

学习活动九 J1 轴的拆装

学习目标

1. 通过学习课程平台上的资源，进行任务分析，获取任务关键信息，完成工业机器人装调与维护工作页。
2. 描述起吊设备的含义。
3. 掌握起吊设备的原理、功能。
4. 能用工业机器人机械装调维修虚拟仿真实训与考评系统制订 J1 轴的拆装计划。
5. 能够操作工业机器人机械装调维修虚拟仿真实训与考评系统完成 J1 轴的拆装。
6. 能够正确完成工业机器人本体 J1 轴的拆装。

学习地点

工业机器人装调与维护一体化学习工作站

学习资源：《机修钳工工艺学》《机修钳工技能训练》《工业机器人装调与维护工作页》《工业机器人装调与维护实习指导书》《工业机器人安装与调试》《工业机器人装调与维修》等教材，工业机器人装调与维护教学视频、教学课件及网络资源等。

学习过程

学习任务描述

情景描述：某实习工厂工业机器人装调与维护实训基地 813 新购进一台华数 HSR-612 型机器人，维修调试人员需要在工业机器人机械装调维修虚拟仿真实训与考评系统的协助下，熟练掌握装调与维护技巧，以便将来在教学过程中指导学生进行拆装和维护保养。本次工作任务是通过学习，掌握对起吊设备的认知，知道起吊设备是什么，有什么功能。能够利用工业机器人机械装调维修虚拟仿真实训与考评系统制订 J1 轴的拆装计划，并能够正确完成工业机器人本体 J1 轴的拆装。

教学准备

准备机修钳工安全操作规程，安全警示标牌，华数 HSR-612 型机器人使用说明书、生产合格证，装调所需的工具和量具及辅具，劳保用品，教材，机械部分和电气部分的维修手册等。

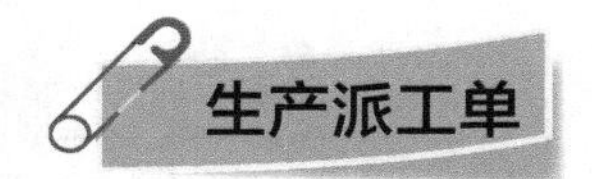

生产派工单

<table>
<tr><td colspan="6">生 产 派 工 单
单号：＿＿＿＿ 开单部门：＿＿＿＿＿＿＿＿ 开单人：＿＿＿＿
开单时间：＿＿年＿＿月＿＿日＿＿时＿＿分 接单人：＿＿＿部＿＿＿小组＿＿＿＿（签名）</td></tr>
<tr><td colspan="6">以下由开单人填写</td></tr>
<tr><td>设备名称</td><td>HSR-612 型工业机器人</td><td>编号</td><td>001</td><td>车间名称</td><td>工业机器人装调与维护实训基地 813</td></tr>
<tr><td>工作任务</td><td colspan="2">J1 轴的拆装</td><td colspan="2">完成工时</td><td>6 个工时</td></tr>
<tr><td>技术要求</td><td colspan="5">按照 HSR-612 型工业机器人检测技术要求，达到设备出厂合格证明书的各项几何精度标准</td></tr>
<tr><td colspan="6">以下由接单人和确认方填写</td></tr>
<tr><td>领取材料
（含消耗品）</td><td colspan="3">零部件名称、数量：</td><td rowspan="2">成本核算</td><td rowspan="2">金额合计：
仓管员（签名）
年 月 日</td></tr>
<tr><td>领用工具</td><td colspan="3"></td></tr>
<tr><td>任务实施记录</td><td colspan="3"></td><td colspan="2">操作员（签名）
年 月 日</td></tr>
<tr><td>任务验收</td><td colspan="3"></td><td colspan="2">验收人员（签名）
年 月 日</td></tr>
</table>

一、收集信息，明确任务

1. 通过分组讨论，列出要完成华数 HSR-612 型工业机器人 J1 轴的拆装任务应收集哪些问题。

＿＿＿＿＿＿＿＿＿＿＿＿＿＿＿＿＿＿＿＿＿＿＿＿＿＿＿＿＿＿

＿＿＿＿＿＿＿＿＿＿＿＿＿＿＿＿＿＿＿＿＿＿＿＿＿＿＿＿＿＿

＿＿＿＿＿＿＿＿＿＿＿＿＿＿＿＿＿＿＿＿＿＿＿＿＿＿＿＿＿＿

2. 查阅资料，摘抄起吊设备的定义、工作原理和功能。

3. 通过查找网络资源，摘抄《工业机器人机械拆装安全操作规程》。

二、计划与决策

1. 观看《华数 HSR-612 型工业机器人仿真软件应用教学视频》，详细记录机器人 J1 轴的拆装步骤和注意事项。利用在线操作工业机器人机械装调维修虚拟仿真实训与考评系统，完善华数 HSR-612 型工业机器人 J1 轴拆装任务的工艺过程。

华数 HSR-612 型工业机器人 J1 轴拆装任务的工艺过程

序号	工作步骤	作业内容	工具、量具及设备	安全注意事项
操作时长				

2. 学习活动小组成员工作任务安排。

序号	组员姓名	组员分工	职责	备注
1				
2				
3				
4				
5				

小提示

1. 小组学习记录需有：记录人、主持人、小组成员、组员分工及职责等要素。
2. 请用数码相机或手机记录任务实施时的关键步骤。

三、任务实施

1. 列出华数 HSR-612 型工业机器人 J1 轴拆装所需的工具、量具的名称和用途。

类　型	名　称	用　途
工具		
量具		

2. 当工业机器人进行 J1 轴的拆装时，记录实际拆装过程。

3. 小组讨论，回顾工业机器人 J1 轴的拆装作业过程，进一步分析和完善操作方法和技巧，并做补充。

四、检查控制

华数 HSR-612 型工业机器人 J1 轴的拆装过程检查评分表

班级：______ 小组：____________ 日期：____年____月____日

序号	要求		配分	评分标准	得分
1	完成起吊设备的定义、功能认知	熟练、快速达到要求	20~25	酌情扣分	
		能完成并达到要求	12~20	酌情扣分	
		基本正确但达不到要求	12 以下	酌情扣分	
2	能够熟练操作工业机器人机械装调维修虚拟仿真实训与考评系统进行 J1 轴的拆装	熟练、快速完成基础操作	20~25	酌情扣分	
		能完成基础操作	12~20	酌情扣分	
		了解但完不成基础操作	12 以下	酌情扣分	
3	做好 J1 轴拆装前的准备工作	全面完成	5~10	酌情扣分	
		基本完成	5 以下	酌情扣分	
4	能正确运用各种工具、量具进行拆装	能熟练使用	10~15	酌情扣分	
		会使用但不熟练	5~10	酌情扣分	
		了解但使用方法不正确	5 以下	酌情扣分	
5	能正确完成本体 J1 轴的拆装	熟练、快速完成操作	10~15	酌情扣分	
		能完成操作	5~10	酌情扣分	
		了解但完不成操作	5 以下	酌情扣分	
6	安全文明操作	较好符合要求	5~10	酌情扣分	
		有明显不符合要求	5 以下	酌情扣分	
			总分		

五、评价反馈

结果性评价表

班级：________姓名：______________学号：______________　日期：____年____月____日						
评价指标	评 价 标 准	分值	评价依据	自评	组评	师评
纪律表现	按时上下课，着装规范	5	课堂考勤、观察			
	遵守一体化教室的使用规则	5				
知识目标	正确查找资料，写出机器人J1轴拆装的相关知识点	10	工作页			
	正确制订J1轴的拆装计划	10				
技能目标	正确利用网络资源、教材资料查找有效信息	5	课堂表现评分表、检测评价表			
	正确使用工具、量具及耗材	5				
	以小组合作的方式完成机器人J1轴的拆装，符合职业岗位要求	10				
情感目标	在小组讨论中能积极发言或汇报	10	课堂表现评分表、课堂观察			
	积极配合小组成员完成工作任务	10				
	具备安全意识与规范意识	10				
	具备团队协作能力	10				
	有责任心，对自己的行为负责	10				
合计						
注：总分=自评（30%）+组评（30%）+师评（40%），满分100分						

六、撰写工作总结

____

____

____

____

____

____

____

____

____

学习活动十 机器人整机调试

1. 通过学习课程平台上的资源，进行任务分析，获取任务关键信息，完成工业机器人装调与维护工作页。
2. 描述机器人坐标系的含义。
3. 掌握机器人坐标系的原理、功能。
4. 能用工业机器人机械装调维修虚拟仿真实训与考评系统制订整机调试计划。
5. 能够操作工业机器人机械装调维修虚拟仿真实训与考评系统完成整机调试。
6. 能够正确完成工业机器人本体的整机调试。

学习地点

工业机器人装调与维护一体化学习工作站

学习资源：《机修钳工工艺学》《机修钳工技能训练》《工业机器人装调与维护工作页》《工业机器人装调与维护实习指导书》《工业机器人安装与调试》《工业机器人装调与维修》等教材，工业机器人装调与维护教学视频、教学课件及网络资源等。

学习过程

学习任务描述

情景描述：某实习工厂工业机器人装调与维护实训基地 813 新购进一台华数 HSR-612 型机器人，维修调试人员需要在工业机器人机械装调维修虚拟仿真实训与考评系统的协助下，熟练掌握装调与维护技巧，以便将来在教学过程中指导学生进行拆装和维护保养。本次工作任务是通过学习，掌握对机器人坐标系的认知，知道机器人坐标系是什么，有什么功能。能够利用工业机器人机械装调维修虚拟仿真实训与考评系统制订机器人整机调试计划，并能够正确完成工业机器人本体的整机调试。

教学准备

准备机修钳工安全操作规程，安全警示标牌，华数 HSR-612 型机器人使用说明书、生产合格证，装调所需的工具和量具及辅具，劳保用品，教材，机械部分和电气部分的维修手册等。

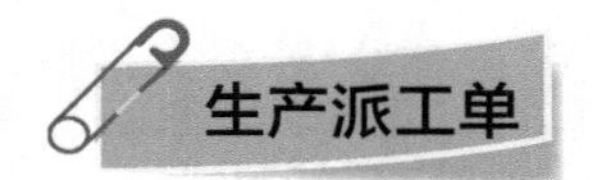

<table>
<tr><td colspan="6">生 产 派 工 单
单号：＿＿＿＿＿　开单部门：＿＿＿＿＿＿＿＿＿＿＿＿＿＿＿＿　开单人：＿＿＿＿＿
开单时间：＿＿年＿＿月＿＿日＿＿时＿＿分　接单人：＿＿＿部＿＿＿小组＿＿＿＿＿（签名）</td></tr>
<tr><td colspan="6">以下由开单人填写</td></tr>
<tr><td>设备名称</td><td>HSR-612 型工业机器人</td><td>编号</td><td>001</td><td>车间名称</td><td>工业机器人装调与维护实训基地 813</td></tr>
<tr><td>工作任务</td><td colspan="2">机器人整机调试</td><td colspan="2">完成工时</td><td>6 个工时</td></tr>
<tr><td>技术要求</td><td colspan="5">按照 HSR-612 型工业机器人检测技术要求，达到设备出厂合格证明书的各项几何精度标准</td></tr>
<tr><td colspan="6">以下由接单人和确认方填写</td></tr>
<tr><td>领取材料
（含消耗品）</td><td colspan="3">零部件名称、数量：</td><td rowspan="2">成本核算</td><td rowspan="2">金额合计：
仓管员（签名）
年　月　日</td></tr>
<tr><td>领用工具</td><td colspan="3"></td></tr>
<tr><td>任务实施记录</td><td colspan="3"></td><td colspan="2">操作员（签名）
年　月　日</td></tr>
<tr><td>任务验收</td><td colspan="3"></td><td colspan="2">验收人员（签名）
年　月　日</td></tr>
</table>

一、收集信息，明确任务

1. 通过分组讨论，列出要完成华数 HSR-612 型工业机器人整机调试任务应收集哪些问题。

____

____

____

2. 查阅资料，摘抄机器人坐标系的定义、工作原理和功能。

3. 通过查找网络资源，摘抄《工业机器人安全调试操作规程》。

二、计划与决策

1. 观看《华数 HSR-612 型工业机器人仿真软件应用教学视频》，详细记录机器人整机调试的步骤和注意事项。利用在线操作工业机器人机械装调维修虚拟仿真实训与考评系统，完善华数 HSR-612 型工业机器人整机调试任务的工艺过程。

华数 HSR-612 型工业机器人整机调试任务的工艺过程

序号	工作步骤	作业内容	工具、量具及设备	安全注意事项
操作时长				

2. 学习活动小组成员工作任务安排。

序号	组员姓名	组员分工	职责	备注
1				
2				
3				
4				
5				

小提示

1. 小组学习记录需有：记录人、主持人、小组成员、组员分工及职责等要素。
2. 请用数码相机或手机记录任务实施时的关键步骤。

三、任务实施

1. 列出华数 HSR-612 型工业机器人整机调试所需的工具、量具的名称和用途。

类　型	名　称	用　途
工具		
量具		

2. 当工业机器人进行整机调试时，记录实际调试过程。

3. 小组讨论，回顾工业机器人整机调试作业过程，进一步分析和完善操作方法和技巧，并做补充。

四、检查控制

华数 HSR-612 型工业机器人整机调试过程检查评分表

班级：____ 小组：________ 日期：___年___月___日					
序号	要求		配分	评分标准	得分
1	完成机器人坐标系的定义、功能认知	熟练、快速达到要求	20~25	酌情扣分	
		能完成并达到要求	12~20	酌情扣分	
		基本正确但达不到要求	12 以下	酌情扣分	
2	能够熟练操作工业机器人机械装调维修虚拟仿真实训与考评系统进行整机调试	熟练、快速完成基础操作	20~25	酌情扣分	
		能完成基础操作	12~20	酌情扣分	
		了解但完不成基础操作	12 以下	酌情扣分	
3	做好整机调试前的准备工作	全面完成	5~10	酌情扣分	
		基本完成	5 以下	酌情扣分	
4	能正确运用各种工具、量具进行调试	能熟练使用	10~15	酌情扣分	
		会使用但不熟练	5~10	酌情扣分	
		了解但使用方法不正确	5 以下	酌情扣分	
5	能正确完成本体的整机调试	熟练、快速完成操作	10~15	酌情扣分	
		能完成操作	5~10	酌情扣分	
		了解但完不成操作	5 以下	酌情扣分	
6	安全文明操作	较好符合要求	5~10	酌情扣分	
		有明显不符合要求	5 以下	酌情扣分	
			总分		

五、评价反馈

结果性评价表

<table>
<tr><td colspan="7">班级：________姓名：______________学号：______________　　日期：____年____月____日</td></tr>
<tr><td>评价指标</td><td>评 价 标 准</td><td>分值</td><td>评价依据</td><td>自评</td><td>组评</td><td>师评</td></tr>
<tr><td rowspan="2">纪律表现</td><td>按时上下课，着装规范</td><td>5</td><td rowspan="2">课堂考勤、观察</td><td></td><td></td><td></td></tr>
<tr><td>遵守一体化教室的使用规则</td><td>5</td><td></td><td></td><td></td></tr>
<tr><td rowspan="2">知识目标</td><td>正确查找资料，写出机器人整机调试的相关知识点</td><td>10</td><td rowspan="2">工作页</td><td></td><td></td><td></td></tr>
<tr><td>正确制订机器人整机调试计划</td><td>10</td><td></td><td></td><td></td></tr>
<tr><td rowspan="3">技能目标</td><td>正确利用网络资源、教材资料查找有效信息</td><td>5</td><td rowspan="3">课堂表现评分表、检测评价表</td><td></td><td></td><td></td></tr>
<tr><td>正确使用工具、量具及耗材</td><td>5</td><td></td><td></td><td></td></tr>
<tr><td>以小组合作的方式完成机器人整机调试，符合职业岗位要求</td><td>10</td><td></td><td></td><td></td></tr>
<tr><td rowspan="5">情感目标</td><td>在小组讨论中能积极发言或汇报</td><td>10</td><td rowspan="5">课堂表现评分表、课堂观察</td><td></td><td></td><td></td></tr>
<tr><td>积极配合小组成员完成工作任务</td><td>10</td><td></td><td></td><td></td></tr>
<tr><td>具备安全意识与规范意识</td><td>10</td><td></td><td></td><td></td></tr>
<tr><td>具备团队协作能力</td><td>10</td><td></td><td></td><td></td></tr>
<tr><td>有责任心，对自己的行为负责</td><td>10</td><td></td><td></td><td></td></tr>
<tr><td>合计</td><td colspan="6"></td></tr>
<tr><td colspan="7">注：总分=自评(30%)+组评(30%)+师评(40%)，满分100分</td></tr>
</table>

六、撰写工作总结

____

____

____

____

____

____

____

____

____

学习任务四

HSR-612型工业机器人电气拆装实训

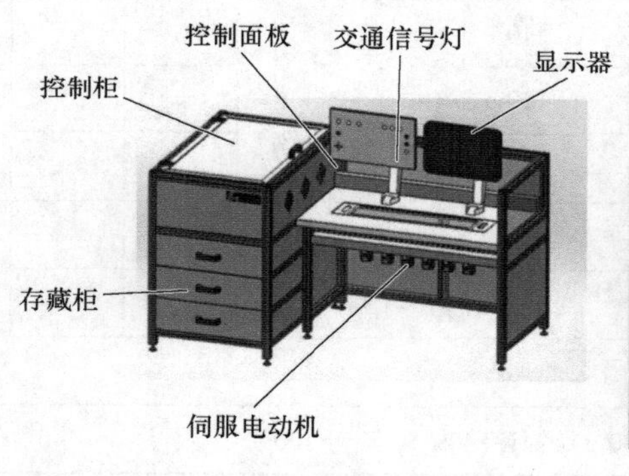

学习目标

1）掌握 HSR-612 型工业机器人电气控制柜的线路布局。
2）了解相关电气元件的工作原理，掌握电气元件安装的相关知识。
3）掌握配线的相关知识。
4）能够根据电气原理图完成工作站控制柜内不同回路线路的拆除。
5）能够识别控制柜内部每个电气元件所处的回路并按一定顺序拆除。
6）能够理解华数机器人电气拆装实训工作站电气接线图。
7）掌握 HSR-612 型工业机器人强电装置的装调与维修。
8）掌握 HSR-612 型工业机器人弱电装置的装调与维修。
9）掌握 HSR-612 型工业机器人电气设备的检测方法。

工作流程与活动

学习活动一　一次回路及接地回路拆装
学习活动二　驱动器电源线路及 NCUC 总线回路拆装
学习活动三　二次回路及示教器线路拆装
学习活动四　I/O 单元输入输出线路及继电器线路拆装
学习活动五　机器人电控拆装平台上电与调试

学习任务描述

学生在接受 HSR-612 型工业机器人电气拆装任务后，要做好拆装前的准备工作，包括准备电气拆装实训工作站电气接线图等文件，准备工具、量具、清洗剂、标识牌，并做好安全防护措施。通过阅读华数机器人电气拆装实训工作站电气接线图，认识控制柜内的相关电气元件和控制回路，并根据接线图完成所有线路的拆除。在工作过程中严格遵守起吊、搬运、用电、消防等安全规程的要求，工作完成后要按照现场管理规定清理场地、归置物品，并按照环保规定处置废油液等废弃物。

学习活动一　一次回路及接地回路拆装

学习目标

1. 通过学习课程平台上的资源，进行任务分析，获取任务关键信息，完成工业机器人装调与维护工作页。
2. 描述机器人一次回路及接地回路的含义。
3. 掌握机器人一次回路及接地回路的原理、功能。
4. 能够正确制订一次回路及接地回路拆装计划。
5. 能够正确完成机器人一次回路拆装。
6. 能够正确完成机器人接地回路拆装。

学习地点

工业机器人装调与维护一体化学习工作站

学习资源：《机修钳工工艺学》《机修钳工技能训练》《工业机器人装调与维护工作页》《工业机器人装调与维护实习指导书》《工业机器人安装与调试》《工业机器人装调与维修》等教材，工业机器人装调与维护教学视频、教学课件及网络资源等。

学习过程

学习任务描述

情景描述：某实习工厂工业机器人装调与维护实训基地813新购进一台华数HSR-612型机器人，维修调试人员需要在工业机器人机械装调维修虚拟仿真实训与考评系统的协助下，熟练掌握装调与维护技巧，以便将来在教学过程中指导学生进行拆装和维护保养。本次工作任务是通过学习，掌握对机器人一次回路及接地回路的认知，知道一次回路及接地回路是什么，有什么功能。能够制订一次回路及接地回路的拆装计划，并能够正确完成工业机器人一次回路及接地回路的拆装。

教学准备

准备机修钳工安全操作规程，安全警示标牌，华数HSR-612型机器人使用说明书、机器人电控拆装平台使用手册、生产合格证，装调所需的工具和量具及辅具，劳保用品，教材，机械部分和电气部分的维修手册等。

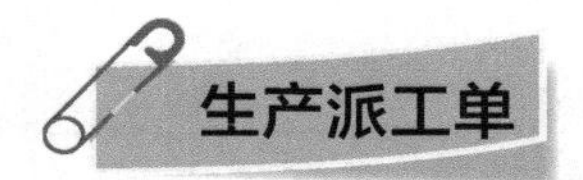

<table>
<tr><td colspan="6">生 产 派 工 单
单号：________ 开单部门：____________________ 开单人：________
开单时间：____年____月____日____时____分 接单人：________部________小组________（签名）</td></tr>
<tr><td colspan="6">以下由开单人填写</td></tr>
<tr><td>设备名称</td><td>HSR-612 型工业机器人电控拆装平台</td><td>编号</td><td>004</td><td>车间名称</td><td>工业机器人装调与维护实训基地 813</td></tr>
<tr><td>工作任务</td><td colspan="2">一次回路及接地回路拆装</td><td colspan="2">完成工时</td><td>6 个工时</td></tr>
<tr><td>技术要求</td><td colspan="5">按照 HSR-612 型工业机器人电控拆装平台检测技术要求，达到设备出厂合格证明书的各项几何精度标准</td></tr>
<tr><td colspan="6">以下由接单人和确认方填写</td></tr>
<tr><td>领取材料（含消耗品）</td><td colspan="2">零部件名称、数量：</td><td rowspan="2">成本核算</td><td colspan="2" rowspan="2">金额合计：
仓管员（签名）
年 月 日</td></tr>
<tr><td>领用工具</td><td colspan="2"></td></tr>
<tr><td>任务实施记录</td><td colspan="2"></td><td colspan="3">操作员（签名）
年 月 日</td></tr>
<tr><td>任务验收</td><td colspan="2"></td><td colspan="3">验收人员（签名）
年 月 日</td></tr>
</table>

一、收集信息，明确任务

1. 通过分组讨论，列出要完成机器人一次回路及接地回路拆装任务应收集哪些问题。

____

____

____

2. 查阅资料，摘抄一次回路及接地回路的定义、工作原理和功能。

3. 通过查找网络资源，摘抄《工业机器人电气系统安装注意事项》。

二、计划与决策

1. 观看《华数 HSR-612 型工业机器人电气拆装教学视频》，详细记录机器人一次回路及接地回路拆装的步骤和注意事项。通过小组讨论方式，完善机器人一次回路及接地回路拆装任务工艺过程。

机器人一次回路及接地回路拆装任务工艺过程

序号	工作步骤	作业内容	工具、量具及设备	安全注意事项
操作时长				

2. 学习活动小组成员工作任务安排。

序号	组员姓名	组员分工	职责	备注
1				
2				
3				
4				
5				

小提示

1. 小组学习记录需有：记录人、主持人、小组成员、组员分工及职责等要素。
2. 请用数码相机或手机记录任务实施时的关键步骤。

三、任务实施

1. 列出机器人一次回路及接地回路拆装所需的工具、量具的名称和用途。

类　型	名　称	用　途
工具		
量具		

2. 当工业机器人进行一次回路及接地回路拆装时，记录实际拆装过程。

3. 小组讨论，回顾工业机器人一次回路及接地回路拆装作业过程，进一步分析和完善操作方法和技巧，并做补充。

四、检查控制

机器人一次回路及接地回路拆装过程检查评分表

<table>
<tr><td colspan="6">班级：______ 小组：______________ 日期：___年___月___日</td></tr>
<tr><td>序号</td><td colspan="2">要　求</td><td>配分</td><td>评分标准</td><td>得分</td></tr>
<tr><td rowspan="3">1</td><td rowspan="3">完成一次回路及接地回路的定义、功能认知</td><td>熟练、快速达到要求</td><td>20~25</td><td>酌情扣分</td><td></td></tr>
<tr><td>能完成并达到要求</td><td>12~20</td><td>酌情扣分</td><td></td></tr>
<tr><td>基本正确但达不到要求</td><td>12 以下</td><td>酌情扣分</td><td></td></tr>
<tr><td rowspan="3">2</td><td rowspan="3">能够正确制订一次回路及接地回路拆装计划</td><td>计划完整并达到要求</td><td>20~25</td><td>酌情扣分</td><td></td></tr>
<tr><td>不完整但基本达到要求</td><td>12~20</td><td>酌情扣分</td><td></td></tr>
<tr><td>不完整且达不到要求</td><td>12 以下</td><td>酌情扣分</td><td></td></tr>
<tr><td rowspan="2">3</td><td rowspan="2">做好一次回路及接地回路拆装前的准备工作</td><td>全面完成</td><td>5~10</td><td>酌情扣分</td><td></td></tr>
<tr><td>基本完成</td><td>5 以下</td><td>酌情扣分</td><td></td></tr>
<tr><td rowspan="3">4</td><td rowspan="3">能正确运用各种工具、量具进行拆装</td><td>能熟练使用</td><td>10~15</td><td>酌情扣分</td><td></td></tr>
<tr><td>会使用但不熟练</td><td>5~10</td><td>酌情扣分</td><td></td></tr>
<tr><td>了解但使用方法不正确</td><td>5 以下</td><td>酌情扣分</td><td></td></tr>
<tr><td rowspan="3">5</td><td rowspan="3">能正确完成一次回路及接地回路拆装</td><td>熟练、快速完成操作</td><td>10~15</td><td>酌情扣分</td><td></td></tr>
<tr><td>能完成操作</td><td>5~10</td><td>酌情扣分</td><td></td></tr>
<tr><td>了解但完不成操作</td><td>5 以下</td><td>酌情扣分</td><td></td></tr>
<tr><td rowspan="2">6</td><td rowspan="2">安全文明操作</td><td>较好符合要求</td><td>5~10</td><td>酌情扣分</td><td></td></tr>
<tr><td>有明显不符合要求</td><td>5 以下</td><td>酌情扣分</td><td></td></tr>
<tr><td></td><td></td><td></td><td>总分</td><td></td><td></td></tr>
</table>

五、评价反馈

结果性评价表

班级：________姓名：______________学号：______________　　日期：____年____月____日

评价指标	评价标准	分值	评价依据	自评	组评	师评
纪律表现	按时上下课，着装规范	5	课堂考勤、观察			
	遵守一体化教室的使用规则	5				
知识目标	正确查找资料，写出机器人一次回路及接地回路拆装的相关知识点	10	工作页			
	正确制订机器人一次回路及接地回路拆装计划	10				
技能目标	正确利用网络资源、教材资料查找有效信息	5	课堂表现评分表、检测评价表			
	正确使用工具、量具及耗材	5				
	以小组合作的方式完成机器人一次回路及接地回路拆装，符合职业岗位要求	10				
情感目标	在小组讨论中能积极发言或汇报	10	课堂表现评分表、课堂观察			
	积极配合小组成员完成工作任务	10				
	具备安全意识与规范意识	10				
	具备团队协作能力	10				
	有责任心，对自己的行为负责	10				
合计						
注：总分=自评(30%)+组评(30%)+师评(40%)，满分100分						

六、撰写工作总结

____

____

____

____

____

____

____

学习活动二　驱动器电源线路及 NCUC 总线回路拆装

学习目标

1. 通过学习课程平台上的资源，进行任务分析，获取任务关键信息，完成工业机器人装调与维护工作页。
2. 描述机器人驱动器电源线路及 NCUC 总线回路的含义。
3. 掌握机器人驱动器电源线路及 NCUC 总线回路的原理、功能。
4. 能够正确制订驱动器电源线路及 NCUC 总线回路的拆装计划。
5. 能够正确完成机器人驱动器电源线路拆装。
6. 能够正确完成机器人 NCUC 总线回路拆装。

学习地点

工业机器人装调与维护一体化学习工作站

学习资源：《机修钳工工艺学》《机修钳工技能训练》《工业机器人装调与维护工作页》《工业机器人装调与维护实习指导书》《工业机器人安装与调试》《工业机器人装调与维修》等教材，工业机器人装调与维护教学视频、教学课件及网络资源等。

学习过程

学习任务描述

情景描述：某实习工厂工业机器人装调与维护实训基地 813 新购进一台华数 HSR-612 型机器人，维修调试人员需要在工业机器人机械装调维修虚拟仿真实训与考评系统的协助下，熟练掌握装调与维护技巧，以便将来在教学过程中指导学生进行拆装和维护保养。本次工作任务是通过学习，掌握对机器人驱动器电源线路及 NCUC 总线回路的认知，知道机器人驱动器电源线路及 NCUC 总线回路是什么，有什么功能。能够制订机器人驱动器电源线路及 NCUC 总线回路拆装计划，并能够正确完成工业机器人驱动器电源线路及 NCUC 总线回路拆装。

教学准备

准备机修钳工安全操作规程，安全警示标牌，华数 HSR-612 型机器人使用说明书、机器人电控拆装平台使用手册、生产合格证，装调所需的工具和量具及辅具，劳保用品，教材，机械部分和电气部分的维修手册等。

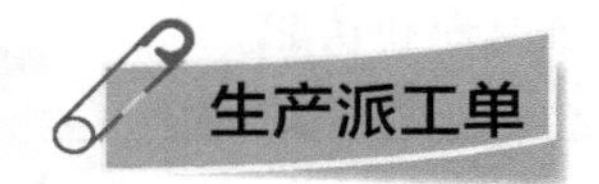

<table>
<tr><td colspan="6">生 产 派 工 单
单号：__________　开单部门：______________________________　开单人：__________
开单时间：_____年____月____日____时____分　接单人：_______部_______小组__________（签名）</td></tr>
<tr><td colspan="6">以下由开单人填写</td></tr>
<tr><td>设备名称</td><td>HSR-612型工业机器人
电控拆装平台</td><td>编号</td><td>004</td><td>车间名称</td><td>工业机器人装调与维护实训基地813</td></tr>
<tr><td>工作任务</td><td colspan="2">驱动器电源线路及NCUC总线回路拆装</td><td colspan="2">完成工时</td><td>6个工时</td></tr>
<tr><td>技术要求</td><td colspan="5">按照HSR-612型工业机器人电控拆装平台检测技术要求，达到设备出厂合格证明书的各项几何精度标准</td></tr>
<tr><td colspan="6">以下由接单人和确认方填写</td></tr>
<tr><td>领取材料
（含消耗品）</td><td colspan="3">零部件名称、数量：</td><td rowspan="2">成
本
核
算</td><td rowspan="2">金额合计：
仓管员（签名）
年　月　日</td></tr>
<tr><td>领用工具</td><td colspan="3"></td></tr>
<tr><td>任务实施记录</td><td colspan="3"></td><td colspan="2">操作员（签名）
年　月　日</td></tr>
<tr><td>任务验收</td><td colspan="3"></td><td colspan="2">验收人员（签名）
年　月　日</td></tr>
</table>

一、收集信息，明确任务

1. 通过分组讨论，列出要完成机器人驱动器电源线路及NCUC总线回路拆装任务应收集哪些问题。

____

____

____

2. 查阅资料，摘抄驱动器电源线路及 NCUC 总线回路的定义、工作原理和功能。

3. 通过查找网络资源，摘抄《工业机器人电气系统安装注意事项》。

二、计划与决策

1. 观看《华数 HSR-612 型工业机器人电气拆装教学视频》，详细记录机器人驱动器电源线路及 NCUC 总线回路拆装的步骤和注意事项。通过小组讨论方式，完善机器人驱动器电源线路及 NCUC 总线回路拆装任务的工艺过程。

机器人驱动器电源线路及 NCUC 总线回路拆装任务的工艺过程

序号	工作步骤	作业内容	工具、量具及设备	安全注意事项
操作时长				

2. 学习活动小组成员工作任务安排。

序号	组员姓名	组员分工	职责	备注
1				
2				
3				
4				
5				

小提示

1. 小组学习记录需有：记录人、主持人、小组成员、组员分工及职责等要素。
2. 请用数码相机或手机记录任务实施时的关键步骤。

三、任务实施

1. 列出机器人驱动器电源线路及 NCUC 总线回路拆装所需的工具、量具的名称和用途。

类　型	名　称	用　途
工具		
量具		

2. 当工业机器人进行驱动器电源线路及 NCUC 总线回路拆装时，记录实际拆装过程。

3. 小组讨论，回顾工业机器人驱动器电源线路及 NCUC 总线回路拆装作业过程，进一步分析和完善操作方法和技巧，并做补充。

四、检查控制

机器人驱动器电源线路及 NCUC 总线回路拆装过程检查评分表

班级：______ 小组：__________ 日期：____年____月____日

序号	要求		配分	评分标准	得分
1	完成驱动器电源线路及 NCUC 总线回路的定义、功能认知	熟练、快速达到要求	20~25	酌情扣分	
		能完成并达到要求	12~20	酌情扣分	
		基本正确但达不到要求	12 以下	酌情扣分	
2	能够正确制订驱动器电源线路及 NCUC 总线回路拆装计划	计划完整并达到要求	20~25	酌情扣分	
		不完整但基本达到要求	12~20	酌情扣分	
		不完整且达不到要求	12 以下	酌情扣分	
3	做好驱动器电源线路及 NCUC 总线回路拆装前的准备工作	全面完成	5~10	酌情扣分	
		基本完成	5 以下	酌情扣分	
4	能正确运用各种工具、量具进行拆装	能熟练使用	10~15	酌情扣分	
		会使用但不熟练	5~10	酌情扣分	
		了解但使用方法不正确	5 以下	酌情扣分	
5	能正确完成驱动器电源线路及 NCUC 总线回路拆装	熟练、快速完成操作	10~15	酌情扣分	
		能完成操作	5~10	酌情扣分	
		了解但完不成操作	5 以下	酌情扣分	
6	安全文明操作	较好符合要求	5~10	酌情扣分	
		有明显不符合要求	5 以下	酌情扣分	
			总分		

五、评价反馈

结果性评价表

班级：________姓名：______________学号：______________　　日期：____年____月____日

评价指标	评价标准	分值	评价依据	自评	组评	师评
纪律表现	按时上下课，着装规范	5	课堂考勤、观察			
	遵守一体化教室的使用规则	5				
知识目标	正确查找资料，写出机器人一次回路及接地回路拆装的相关知识点	10	工作页			
	正确制订机器人一次回路及接地回路拆装计划	10				
技能目标	正确利用网络资源、教材资料查找有效信息	5	课堂表现评分表、检测评价表			
	正确使用工具、量具及耗材	5				
	以小组合作的方式完成机器人一次回路及接地回路拆装，符合职业岗位要求	10				
情感目标	在小组讨论中能积极发言或汇报	10	课堂表现评分表、课堂观察			
	积极配合小组成员完成工作任务	10				
	具备安全意识与规范意识	10				
	具备团队协作能力	10				
	有责任心，对自己的行为负责	10				
合计						
注：总分=自评（30%）+组评（30%）+师评（40%），满分100分						

六、撰写工作总结

____

____

____

____

____

____

____

____

学习活动三　二次回路及示教器线路拆装

学习目标

1. 通过学习课程平台上的资源，进行任务分析，获取任务关键信息，完成工业机器人装调与维护工作页。
2. 描述机器人二次回路及示教器线路的含义。
3. 掌握机器人二次回路及示教器线路的原理、功能。
4. 能够正确制订二次回路及示教器线路拆装计划。
5. 能够正确完成机器人二次回路拆装。
6. 能够正确完成机器人示教器线路拆装。

学习地点

工业机器人装调与维护一体化学习工作站

学习资源：《机修钳工工艺学》《机修钳工技能训练》《工业机器人装调与维护工作页》《工业机器人装调与维护实习指导书》《工业机器人安装与调试》《工业机器人装调与维修》等教材，工业机器人装调与维护教学视频、教学课件及网络资源等。

学习过程

学习任务描述

情景描述：某实习工厂工业机器人装调与维护实训基地 813 新购进一台华数 HSR-612 型机器人，维修调试人员需要在工业机器人机械装调维修虚拟仿真实训与考评系统的协助下，熟练掌握装调与维护技巧，以便将来在教学过程中指导学生进行拆装和维护保养。本次工作任务是通过学习，掌握对机器人二次回路及示教器线路的认知，知道机器人二次回路及示教器线路是什么，有什么功能。能够制订二次回路及示教器线路拆装计划，并能够正确完成工业机器人二次回路及示教器线路拆装。

教学准备

准备机修钳工安全操作规程，安全警示标牌，华数 HSR-612 型机器人使用说明书、机器人电控拆装平台使用手册、生产合格证，装调所需的工具和量具及辅具，劳保用品，教材，机械部分和电气部分的维修手册等。

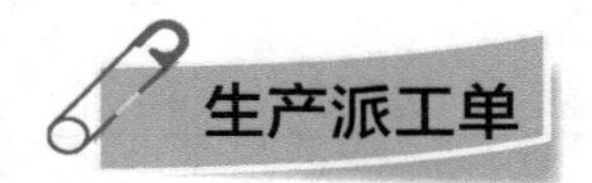

<table>
<tr><td colspan="7">生 产 派 工 单
单号：________　开单部门：________________________　开单人：________
开单时间：____年___月___日___时___分　接单人：______部______小组________（签名）</td></tr>
<tr><td colspan="7">以下由开单人填写</td></tr>
<tr><td>设备名称</td><td>HSR-612 型工业机器人电控拆装平台</td><td>编号</td><td>004</td><td>车间名称</td><td colspan="2">工业机器人装调与维护实训基地 813</td></tr>
<tr><td>工作任务</td><td colspan="2">二次回路及示教器线路拆装</td><td colspan="2">完成工时</td><td colspan="2">6 个工时</td></tr>
<tr><td>技术要求</td><td colspan="6">按照 HSR-612 型工业机器人电控拆装平台检测技术要求，达到设备出厂合格证明书的各项几何精度标准</td></tr>
<tr><td colspan="7">以下由接单人和确认方填写</td></tr>
<tr><td>领取材料
（含消耗品）</td><td colspan="4">零部件名称、数量：</td><td rowspan="2">成本核算</td><td rowspan="2">金额合计：
仓管员（签名）
年　月　日</td></tr>
<tr><td>领用工具</td><td colspan="4"></td></tr>
<tr><td>任务实施记录</td><td colspan="4"></td><td colspan="2">操作员（签名）
年　月　日</td></tr>
<tr><td>任务验收</td><td colspan="4"></td><td colspan="2">验收人员（签名）
年　月　日</td></tr>
</table>

一、收集信息，明确任务

1. 通过分组讨论，列出要完成机器人二次回路及示教器线路拆装任务应收集哪些问题。

____

____

____

2. 查阅资料，摘抄二次回路及示教器线路的定义、工作原理和功能。

3. 通过查找网络资源，摘抄《工业机器人电气系统安装注意事项》。

二、计划与决策

1. 观看《华数 HSR-612 型工业机器人电气拆装教学视频》，详细记录机器人二次回路及示教器线路拆装的步骤和注意事项。通过小组讨论方式，完善机器人二次回路及示教器线路拆装任务的工艺过程。

机器人二次回路及示教器线路拆装任务的工艺过程

序号	工作步骤	作业内容	工具、量具及设备	安全注意事项
操作时长				

2. 学习活动小组成员工作任务安排。

序号	组员姓名	组员分工	职责	备注
1				
2				
3				
4				
5				

小提示

1. 小组学习记录需有：记录人、主持人、小组成员、组员分工及职责等要素。
2. 请用数码相机或手机记录任务实施时的关键步骤。

三、任务实施

1. 列出机器人二次回路及示教器线路拆装所需的工具、量具的名称和用途。

类　型	名　称	用　途
工具		
量具		

2. 当工业机器人进行二次回路及示教器线路拆装时，记录实际拆装过程。

3. 小组讨论，回顾工业机器人二次回路及示教器线路拆装作业过程，进一步分析和完善操作方法和技巧，并做补充。

四、检查控制

机器人二次回路及示教器线路拆装过程检查评分表

班级：______ 小组：______ 日期：___年___月___日

序号	要求		配分	评分标准	得分
1	完成二次回路及示教器线路的定义、功能认知	熟练、快速达到要求	20~25	酌情扣分	
		能完成并达到要求	12~20	酌情扣分	
		基本正确但达不到要求	12以下	酌情扣分	
2	能够正确制订二次回路及示教器线路拆装计划	计划完整并达到要求	20~25	酌情扣分	
		不完整但基本达到要求	12~20	酌情扣分	
		不完整且达不到要求	12以下	酌情扣分	
3	做好二次回路及示教器线路拆装前的准备工作	全面完成	5~10	酌情扣分	
		基本完成	5以下	酌情扣分	
4	能正确运用各种工具、量具进行拆装	能熟练使用	10~15	酌情扣分	
		会使用但不熟练	5~10	酌情扣分	
		了解但使用方法不正确	5以下	酌情扣分	
5	能正确完成二次回路及示教器线路拆装	熟练、快速完成操作	10~15	酌情扣分	
		能完成操作	5~10	酌情扣分	
		了解但完不成操作	5以下	酌情扣分	
6	安全文明操作	较好符合要求	5~10	酌情扣分	
		有明显不符合要求	5以下	酌情扣分	
			总分		

五、评价反馈

结果性评价表

班级：________姓名：______________学号：______________　　日期：____年____月____日						
评价指标	评 价 标 准	分值	评价依据	自评	组评	师评
纪律表现	按时上下课，着装规范	5	课堂考勤、观察			
	遵守一体化教室的使用规则	5				
知识目标	正确查找资料，写出机器人二次回路及示教器线路拆装的相关知识点	10	工作页			
	正确制订机器人二次回路及示教器线路拆装计划	10				
技能目标	正确利用网络资源、教材资料查找有效信息	5	课堂表现评分表、检测评价表			
	正确使用工具、量具及耗材	5				
	以小组合作的方式完成机器人二次回路及示教器线路拆装，符合职业岗位要求	10				
情感目标	在小组讨论中能积极发言或汇报	10	课堂表现评分表、课堂观察			
	积极配合小组成员完成工作任务	10				
	具备安全意识与规范意识	10				
	具备团队协作能力	10				
	有责任心，对自己的行为负责	10				
合计						
注：总分=自评(30%)+组评(30%)+师评(40%)，满分100分						

六、撰写工作总结

____

____

____

____

____

____

____

____

学习活动四 I/O 单元输入输出线路及继电器线路拆装

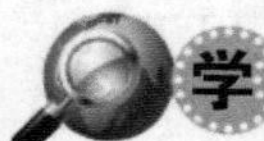

学习目标

1. 通过学习课程平台上的资源，进行任务分析，获取任务关键信息，完成工业机器人装调与维护工作页。
2. 描述机器人 I/O 单元输入输出线路及继电器线路的含义。
3. 掌握机器人 I/O 单元输入输出线路及继电器线路的原理、功能。
4. 能够正确制订机器人 I/O 单元输入输出线路及继电器线路的拆装计划。
5. 能够正确完成机器人 I/O 单元输入输出线路拆装。
6. 能够正确完成机器人继电器线路拆装。

学习地点

工业机器人装调与维护一体化学习工作站

学习资源：《机修钳工工艺学》《机修钳工技能训练》《工业机器人装调与维护工作页》《工业机器人装调与维护实习指导书》《工业机器人安装与调试》《工业机器人装调与维修》等教材，工业机器人装调与维护教学视频、教学课件及网络资源等。

学习过程

学习任务描述

情景描述：某实习工厂工业机器人装调与维护实训基地 813 新购进一台华数 HSR-612 型机器人，维修调试人员需要在工业机器人机械装调维修虚拟仿真实训与考评系统的协助下，熟练掌握装调与维护技巧，以便将来在教学过程中指导学生进行拆装和维护保养。本次工作任务是通过学习，掌握对机器人 I/O 单元输入输出线路及继电器线路的认知，知道机器人 I/O 单元输入输出线路及继电器线路是什么，有什么功能。能够制订机器人 I/O 单元输入输出线路及继电器线路的拆装计划，并能够正确完成工业机器人 I/O 单元输入输出线路及继电器线路拆装。

教学准备

准备机修钳工安全操作规程，安全警示标牌，华数 HSR-612 型机器人使用说明书、机器人电控拆装平台使用手册、生产合格证，装调所需的工具和量具及辅具，劳保用品，教材，机械部分和电气部分的维修手册等。

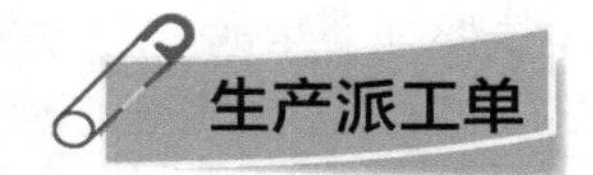

<table>
<tr><td colspan="8">生 产 派 工 单
单号：__________ 开单部门：______________________________ 开单人：__________
开单时间：_____年____月____日____时____分 接单人：_______部_______小组__________（签名）</td></tr>
<tr><td colspan="8">以下由开单人填写</td></tr>
<tr><td>设备名称</td><td colspan="2">HSR-612 型工业机器人电控拆装平台</td><td>编号</td><td>004</td><td>车间名称</td><td colspan="2">工业机器人装调与维护实训基地 813</td></tr>
<tr><td>工作任务</td><td colspan="3">I/O 单元输入输出线路及继电器线路拆装</td><td colspan="2">完成工时</td><td colspan="2">6 个工时</td></tr>
<tr><td>技术要求</td><td colspan="7">按照 HSR-612 型工业机器人电控拆装平台检测技术要求，达到设备出厂合格证明书的各项几何精度标准</td></tr>
<tr><td colspan="8">以下由接单人和确认方填写</td></tr>
<tr><td>领取材料（含消耗品）</td><td colspan="5">零部件名称、数量：</td><td rowspan="2">成本核算</td><td rowspan="2">金额合计：
仓管员（签名）
年 月 日</td></tr>
<tr><td>领用工具</td><td colspan="5"></td></tr>
<tr><td>任务实施记录</td><td colspan="5"></td><td colspan="2">操作员（签名）
年 月 日</td></tr>
<tr><td>任务验收</td><td colspan="5"></td><td colspan="2">验收人员（签名）
年 月 日</td></tr>
</table>

一、收集信息，明确任务

1. 通过分组讨论，列出要完成机器人 I/O 单元输入输出线路及继电器线路拆装任务应收集哪些问题。

____

____

____

2. 查阅资料，摘抄 I/O 单元输入输出线路及继电器线路的定义、工作原理和功能。

3. 通过查找网络资源，摘抄《工业机器人电气系统安装注意事项》。

二、计划与决策

1. 观看《华数 HSR-612 型工业机器人电气拆装教学视频》，详细记录机器人 I/O 单元输入输出线路及继电器线路拆装的步骤和注意事项。通过小组讨论方式，完善机器人 I/O 单元输入输出线路及继电器线路拆装任务的工艺过程。

机器人 I/O 单元输入输出线路及继电器线路拆装任务的工艺过程

序号	工作步骤	作业内容	工具、量具及设备	安全注意事项
操作时长				

2. 学习活动小组成员工作任务安排。

序号	组员姓名	组员分工	职责	备注
1				
2				
3				
4				
5				

小提示

1. 小组学习记录需有：记录人、主持人、小组成员、组员分工及职责等要素。
2. 请用数码相机或手机记录任务实施时的关键步骤。

三、任务实施

1. 列出机器人 I/O 单元输入输出线路及继电器线路拆装所需的工具、量具的名称和用途。

类　型	名　称	用　途
工具		
量具		

2. 当工业机器人进行 I/O 单元输入输出线路及继电器线路拆装时，记录实际拆装过程。

3. 小组讨论，回顾工业机器人 I/O 单元输入输出线路及继电器线路拆装作业过程，进一步分析和完善操作方法和技巧，并做补充。

四、检查控制

机器人 I/O 单元输入输出线路及继电器线路拆装过程检查评分表

班级：________ 小组：________ 日期：____年____月____日

序号	要求		配分	评分标准	得分
1	完成 I/O 单元输入输出线路及继电器线路的定义、功能认知	熟练、快速达到要求	20~25	酌情扣分	
		能完成并达到要求	12~20	酌情扣分	
		基本正确但达不到要求	12 以下	酌情扣分	
2	能够正确制订 I/O 单元输入输出线路及继电器线路拆装计划	计划完整并达到要求	20~25	酌情扣分	
		不完整但基本达到要求	12~20	酌情扣分	
		不完整且达不到要求	12 以下	酌情扣分	
3	做好 I/O 单元输入输出线路及继电器线路拆装前的准备工作	全面完成	5~10	酌情扣分	
		基本完成	5 以下	酌情扣分	
4	能正确运用各种工具、量具进行拆装	能熟练使用	10~15	酌情扣分	
		会使用但不熟练	5~10	酌情扣分	
		了解但使用方法不正确	5 以下	酌情扣分	
5	能正确完成 I/O 单元输入输出线路及继电器线路拆装	熟练、快速完成操作	10~15	酌情扣分	
		能完成操作	5~10	酌情扣分	
		了解但完不成操作	5 以下	酌情扣分	
6	安全文明操作	较好符合要求	5~10	酌情扣分	
		有明显不符合要求	5 以下	酌情扣分	
			总分		

五、评价反馈

结果性评价表

班级：________ 姓名：______________ 学号：______________ 日期：___年___月___日						
评价指标	评 价 标 准	分值	评价依据	自评	组评	师评
纪律表现	按时上下课，着装规范	5	课堂考勤、观察			
	遵守一体化教室的使用规则	5				
知识目标	正确查找资料，写出机器人 I/O 单元输入输出线路及继电器线路拆装的相关知识点	10	工作页			
	正确制订机器人 I/O 单元输入输出线路及继电器线路拆装计划	10				
技能目标	正确利用网络资源、教材资料查找有效信息	5	课堂表现评分表、检测评价表			
	正确使用工具、量具及耗材	5				
	以小组合作的方式完成机器人 I/O 单元输入输出线路及继电器线路拆装，符合职业岗位要求	10				
情感目标	在小组讨论中能积极发言或汇报	10	课堂表现评分表、课堂观察			
	积极配合小组成员完成工作任务	10				
	具备安全意识与规范意识	10				
	具备团队协作能力	10				
	有责任心，对自己的行为负责	10				
合计						
注：总分=自评(30%)+组评(30%)+师评(40%)，满分 100 分						

六、撰写工作总结

____

____

____

____

____

学习活动五　机器人电控拆装平台上电与调试

学习目标

1. 通过学习课程平台上的资源，进行任务分析，获取任务关键信息，完成工业机器人装调与维护工作页。
2. 描述机器人伺服驱动单元的含义。
3. 掌握机器人伺服驱动单元的原理、功能。
4. 能够正确制订机器人电控拆装平台上电与调试计划。
5. 能够正确完成机器人电控拆装平台上电与调试。

学习地点

工业机器人装调与维护一体化学习工作站

学习资源：《机修钳工工艺学》《机修钳工技能训练》《工业机器人装调与维护工作页》《工业机器人装调与维护实习指导书》《工业机器人安装与调试》《工业机器人装调与维修》等教材，《C-HSV-160U 系列伺服驱动单元使用说明书》，工业机器人装调与维护教学视频、教学课件及网络资源等。

学习过程

学习任务描述

情景描述：某实习工厂工业机器人装调与维护实训基地 813 新购进一台华数 HSR-612 型机器人，维修调试人员需要在工业机器人机械装调维修虚拟仿真实训与考评系统的协助下，熟练掌握装调与维护技巧，以便将来在教学过程中指导学生进行拆装和维护保养。本次学习任务是通过学习，掌握对机器人伺服驱动单元的认知，知道机器人伺服驱动单元是什么，有什么功能。能够制订机器人电控拆装平台上电与调试计划，并能够正确完成工业机器人电控拆装平台上电与调试。

教学准备

准备机修钳工安全操作规程，安全警示标牌，华数 HSR-612 型机器人使用说明书、机器人电控拆装平台使用手册、C-HSV-160U 系列伺服驱动单元使用说明书、生产合格证，装调所需的工具和量具及辅具，劳保用品，教材，机械部分和电气部分的维修手册等。

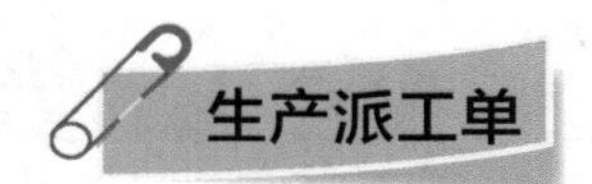

<table>
<tr><td colspan="6">生 产 派 工 单
单号：__________ 开单部门：______________________________ 开单人：__________
开单时间：_____年____月____日____时____分 接单人：_______部_______小组__________（签名）</td></tr>
<tr><td colspan="6">以下由开单人填写</td></tr>
<tr><td>设备名称</td><td>HSR-612 型工业机器人电控拆装平台</td><td>编号</td><td>004</td><td>车间名称</td><td>工业机器人装调与维护实训基地 813</td></tr>
<tr><td>工作任务</td><td colspan="2">机器人电控拆装平台上电与调试</td><td colspan="2">完成工时</td><td>6 个工时</td></tr>
<tr><td>技术要求</td><td colspan="5">按照 HSR-612 型工业机器人电控拆装平台、C-HSV-160U 系列伺服驱动单元检测技术要求，达到设备出厂合格说明书的各项几何精度标准</td></tr>
<tr><td colspan="6">以下由接单人和确认方填写</td></tr>
<tr><td>领取材料
（含消耗品）</td><td colspan="3">零部件名称、数量：</td><td rowspan="2">成本核算</td><td rowspan="2">金额合计：
仓管员（签名）
年 月 日</td></tr>
<tr><td>领用工具</td><td colspan="3"></td></tr>
<tr><td>任务实施记录</td><td colspan="3"></td><td colspan="2">操作员（签名）
年 月 日</td></tr>
<tr><td>任务验收</td><td colspan="3"></td><td colspan="2">验收人员（签名）
年 月 日</td></tr>
</table>

一、收集信息，明确任务

1. 通过分组讨论，列出要完成机器人电控拆装平台上电与调试任务应收集哪些问题。

____

____

____

2. 查阅资料，摘抄伺服驱动单元的定义、工作原理和功能。

____

____

____

____

3. 通过查找网络资源，摘抄《工业机器人电气系统安装注意事项》。

二、计划与决策

1. 观看《华数 HSR-612 型工业机器人电气拆装教学视频》，详细记录机器人电控拆装平台上电与调试的步骤和注意事项。通过小组讨论方式，完善机器人电控拆装平台上电与调试任务的工艺过程。

机器人电控拆装平台上电与调试任务的工艺过程

序号	工作步骤	作业内容	工具、量具及设备	安全注意事项
操作时长				

2. 学习活动小组成员工作任务安排。

序号	组员姓名	组员分工	职责	备注
1				
2				
3				
4				
5				

小提示

1. 小组学习记录需有：记录人、主持人、小组成员、组员分工及职责等要素。
2. 请用数码相机或手机记录任务实施时的关键步骤。

三、任务实施

1. 列出机器人电控拆装平台上电与调试所需的工具、量具的名称和用途。

类　型	名　称	用　途
工具		
量具		

2. 当工业机器人进行电控拆装平台上电与调试时，记录实际调试过程。

____

____

____

3. 小组讨论，回顾工业机器人电控拆装平台上电与调试作业过程，进一步分析和完善操作方法和技巧，并做补充。

____

____

____

____

四、检查控制

机器人电控拆装平台上电与调试过程检查评分表

班级：_______ 小组：_______ 日期：___年___月___日					
序号	要　求		配分	评分标准	得分
1	完成伺服驱动单元的定义、功能认知	熟练、快速达到要求	20~25	酌情扣分	
		能完成并达到要求	12~20	酌情扣分	
		基本正确但达不到要求	12 以下	酌情扣分	
2	能够正确制订机器人电控拆装平台上电与调试计划	计划完整并达到要求	20~25	酌情扣分	
		不完整但基本达到要求	12~20	酌情扣分	
		不完整且达不到要求	12 以下	酌情扣分	
3	做好机器人电控拆装平台上电与调试前的准备工作	全面完成	5~10	酌情扣分	
		基本完成	5 以下	酌情扣分	

（续）

序号	要求		配分	评分标准	得分
4	能正确运用各种工具、量具进行调试	能熟练使用	10~15	酌情扣分	
		会使用但不熟练	5~10	酌情扣分	
		了解但使用方法不正确	5 以下	酌情扣分	
5	能正确完成机器人电控拆装平台上电与调试	熟练、快速完成操作	10~15	酌情扣分	
		能完成操作	5~10	酌情扣分	
		了解但完不成操作	5 以下	酌情扣分	
6	安全文明操作	较好符合要求	5~10	酌情扣分	
		有明显不符合要求	5 以下	酌情扣分	
			总分		

五、评价反馈

结果性评价表

班级：________姓名：____________学号：__________ 日期：____年____月____日

评价指标	评价标准	分值	评价依据	自评	组评	师评
纪律表现	按时上下课，着装规范	5	课堂考勤、观察			
	遵守一体化教室的使用规则	5				
知识目标	正确查找资料，写出机器人电控拆装平台上电与调试相关知识点	10	工作页			
	正确制订机器人电控拆装平台上电与调试计划	10				
技能目标	正确利用网络资源、教材资料查找有效信息	5	课堂表现评分表、检测评价表			
	正确使用工具、量具及耗材	5				
	以小组合作的方式完成机器人电控拆装平台上电与调试，符合职业岗位要求	10				
情感目标	在小组讨论中能积极发言或汇报	10	课堂表现评分表、课堂观察			
	积极配合小组成员完成工作任务	10				
	具备安全意识与规范意识	10				
	具备团队协作能力	10				
	有责任心，对自己的行为负责	10				
合计						
注：总分=自评（30%）+组评（30%）+师评（40%），满分 100 分						

六、撰写工作总结

____

____

____

____

____

____